职业教育校企合作新形态富资源教材

HTML5+CSS3 开发基础项目教程

主　编　曾国彬　邹贵财
副主编　李　顺　李毓仪　张亚楠
参　编　陈伟业　莫昌惠　沈永珞

北京理工大学出版社
BEIJING INSTITUTE OF TECHNOLOGY PRESS

内容简介

本书根据 Web 网页设计的工作应用需要，收集了一些网页应用案例，讲述 HTML5+CSS3 的应用技巧。以功能实现为导向，从搜索网站、公司网站、学校网站、电商网站、旅游网站、工具网站等的设计中，选取页面布局、图文显示等方面的 60 多个案例。

本书以案例应用的形式呈现，把技能知识的应用渗透于案例实现过程中，以实现页面效果为目标，讲解许多 HTML5+CSS3 在网页前端开发的技能技巧。

本书可作为职业院校的教材，适合培养学生的 HTML5+CSS3 网页前端开发基础技能。本书在讲解案例实现的过程中，还讲述了页面开发的排错技巧、调试应用等内容，帮助开发者扎实地掌握 Web 开发的技能基础。

版权专有　侵权必究

图书在版编目(CIP)数据

HTML5+CSS3 开发基础项目教程／曾国彬，邹贵财主编． -- 北京：北京理工大学出版社，2021.10
ISBN 978-7-5763-0483-1

Ⅰ．①H… Ⅱ．①曾… ②邹… Ⅲ．①超文本标记语言-程序设计-教材②网页制作工具-教材 Ⅳ．①TP312.8②TP393.092.2

中国版本图书馆 CIP 数据核字（2021）第 203559 号

出版发行 /	北京理工大学出版社有限责任公司
社　　址 /	北京市海淀区中关村南大街 5 号
邮　　编 /	100081
电　　话 /	(010)68914775(总编室)
	(010)82562903(教材售后服务热线)
	(010)68944723(其他图书服务热线)
网　　址 /	http://www.bitpress.com.cn
经　　销 /	全国各地新华书店
印　　刷 /	定州市新华印刷有限公司
开　　本 /	889 毫米×1194 毫米　1/16
印　　张 /	13.5
字　　数 /	260 千字
版　　次 /	2021 年 10 月第 1 版　2021 年 10 月第 1 次印刷
定　　价 /	38.00 元

责任编辑／张荣君
文案编辑／张荣君
责任校对／周瑞红
责任印制／边心超

图书出现印装质量问题，请拨打售后服务热线，本社负责调换

PREFACE 前言

HTML5 是 HyperText Markup Language 5 的缩写，HTML5 技术结合了 HTML4.01 的相关标准并革新，符合现代网络发展要求，在 2008 年正式发布。HTML5 由不同的技术构成，其在互联网中得到了非常广泛的应用，提供更多增强网络应用的标准机制。与传统的技术相比，HTML5 的语法特征更加明显，并且结合了 SVG（图像文件格式）的内容。这些内容在网页中使用可以更加便捷地处理多媒体内容，而且 HTML5 中还结合了其他元素，对原有的功能进行调整和修改，进行标准化工作。HTML5 在 2012 年已形成了稳定的版本。

HTML5 是构建 Web 内容的一种语言描述方式。CSS 用于控制网页的样式和布局。CSS3 是 CSS（层叠样式表）技术的升级版本。学习 Web 制作或移动前端设计，一般需要掌握 HTML5+CSS3 技术基础。

1. 本书特点

本书根据职业院校计算机类专业的学习特点，收集了一些常用的网页应用案例，讲述 HTML5+CSS3 的应用基本技能。

本书在编写过程中，从搜索网站、公司网站、学校网站、电商网站、旅游网站、工具网站、后台管理网站等的设计中，选取各种实现效果的 60 多个案例，从基础技能应用开始，在案例内容上，注重知识的入门与兴趣的培养，希望用效果的实现，引领读者技能成长。有些重点的技能知识的反复应用，期望帮助读者积累一定的案例设计的经验，掌握基本的开发技能。

2. 内容安排

在本书的编写中，许多应用技巧参考了 runoob.com 网站提供的资料，由于当前开发技术的发展日新月异，建议在应用本书案例的学习过程中，多参考网上出现的新技术，在实现案例的设计时，对比优劣，开展学习，可以在对比中得到技能的提升，同时也要多关注新知识的出现与应用，才能保证自己的技能持续进步。

3. 课时安排

单元	项目任务	建议学时
项目 1　搜索网站项目	任务 1　顶部导航菜单；任务 2　居中的 Logo；任务 3　图标的绝对定位；任务 4　图文同行排列；任务 5　"百度一下"输入框；任务 6　选项卡；任务 7　我的导航	10

续表

单元	项目任务	建议学时
项目2 公司网站项目	任务1 页面布局；任务2 顶部Logo；任务3 图像背景的导航；任务4 产品分类；任务5 产品展示；任务6 业务咨询信息；任务7 底部版权信息	10
项目3 学校网站项目	任务1 渐变色文本；任务2 滚动公告；任务3 校园风采；任务4 学校简讯；任务5 校讯简报；任务6 轮播特效；任务7 轮播指示点；任务8 图片轮播	12
项目4 电商网站项目	任务1 排行标志；任务2 打折展示；任务3 商品滚播；任务4 优惠券；任务5 用户信息；任务6 销售计划进度；任务7 业绩统计表；任务8 查看大图；任务9 用户登录；任务10 精选热点	14
项目5 旅游网站项目	任务1 景点展示；任务2 景点推荐；任务3 打折航班；任务4 酒店宣传；任务5 旅游保障；任务6 机票推荐；任务7 特色推介；任务8 天气提醒	12
项目6 工具网站项目	任务1 页面背景和搜索框；任务2 网址图标列表；任务3 底部应用卡片；任务4 热门资讯应用卡片；任务5 天气预报应用卡片；任务6 证券行情应用卡片	10
项目7 后台管理网站	任务1 登录页面；任务2 页面总体布局；任务3 实现顶部导航栏；任务4 左侧侧边栏；任务5 右侧个人信息表；任务6 后台总览页面	10
合计		68

由于编者水平有限，时间仓促，在编写过程中难免有错误之处，恳请广大读者批评指正。

编　者

CONTENTS 目录

项目1　搜索网站项目　　　　　　　　/1
　【项目概述】　　　　　　　　　　/1
　【知识准备】　　　　　　　　　　/2
　　任务1　顶部导航菜单　　　　　/3
　　任务2　居中的Logo　　　　　　/9
　　任务3　图标的绝对定位　　　　/13
　　任务4　图文同行排列　　　　　/17
　　任务5　"百度一下"输入框　　　/19
　　任务6　选项卡　　　　　　　　/24
　　任务7　我的导航　　　　　　　/31
　【项目总结】　　　　　　　　　　/35
　【拓展与提高】　　　　　　　　　/35
　　任务1　　　　　　　　　　　　/35
　　任务2　　　　　　　　　　　　/36
　　任务3　　　　　　　　　　　　/36
　　任务4　　　　　　　　　　　　/37

项目2　公司网站项目　　　　　　　/38
　【项目概述】　　　　　　　　　　/38
　【知识准备】　　　　　　　　　　/39
　　任务1　页面布局　　　　　　　/39
　　任务2　顶部Logo　　　　　　　/44
　　任务3　图像背景的导航　　　　/46
　　任务4　产品分类　　　　　　　/48
　　任务5　产品展示　　　　　　　/51
　　任务6　业务咨询信息　　　　　/53
　　任务7　底部版权信息　　　　　/55

　【项目总结】　　　　　　　　　　/56
　【拓展与提高】　　　　　　　　　/57
　　任务1　　　　　　　　　　　　/57
　　任务2　　　　　　　　　　　　/58
　　任务3　　　　　　　　　　　　/58

项目3　学校网站项目　　　　　　　/59
　【项目概述】　　　　　　　　　　/59
　【知识准备】　　　　　　　　　　/60
　　任务1　渐变色文本　　　　　　/61
　　任务2　滚动公告　　　　　　　/63
　　任务3　校园风采　　　　　　　/65
　　任务4　学校简讯　　　　　　　/67
　　任务5　校讯简报　　　　　　　/70
　　任务6　轮播特效　　　　　　　/72
　　任务7　轮播指示点　　　　　　/74
　　任务8　图片轮播　　　　　　　/76
　【项目总结】　　　　　　　　　　/77
　　任务1　　　　　　　　　　　　/78
　　任务2　　　　　　　　　　　　/78
　　任务3　　　　　　　　　　　　/79

项目4　电商网站项目　　　　　　　/80
　【项目概述】　　　　　　　　　　/80
　【知识准备】　　　　　　　　　　/81
　　任务1　排行标志　　　　　　　/82
　　任务2　打折展示　　　　　　　/84
　　任务3　商品滚播　　　　　　　/86

任务4 优惠券	/89
任务5 用户信息	/90
任务6 销售计划进度	/93
任务7 业绩统计表	/95
任务8 查看大图	/98
任务9 用户登录	/100
任务10 精选热点	/102
【项目总结】	/104
任务1	/104
任务2	/105

项目5 旅游网站项目 /106

【项目概述】 /106
【知识准备】 /107

任务1 景点展示	/108
任务2 景点推荐	/111
任务3 打折航班	/113
任务4 酒店宣传	/116
任务5 旅游保障	/119
任务6 机票推荐	/123
任务7 特色推介	/126
任务8 天气提醒	/129

【项目总结】 /131

任务1	/131
任务2	/132

项目6 工具网站项目 /133

【项目概述】 /133
【知识准备】 /134

任务1 页面背景和搜索框	/136
任务2 网址图标列表	/141
任务3 底部应用卡片	/147
任务4 热门资讯应用卡片	/150
任务5 天气预报应用卡片	/155
任务6 证券行情应用卡片	/160

【项目总结】 /165
【拓展与提高】 /165

任务1	/165
任务2	/166
任务3	/167

项目7 后台管理网站 /168

【项目概述】 /168
【知识准备】 /169

任务1 登录页面	/173
任务2 页面总体布局	/178
任务3 顶部导航栏	/184
任务4 左侧导航菜单	/190
任务5 右侧个人信息表	/194
任务6 后台总览页面	/199

【项目总结】 /206
【拓展与提高】 /207

任务1	/207
任务2	/208
任务3	/208
任务4	/209

PROJECT 1 项目 1

搜索网站项目

项目概述

本项目仿照百度搜索网站的首页,实现页面部分内容的设计,学习其中涉及的 HTML+CSS 技能知识。本项目开发的基本任务包括:顶部导航菜单、居中的 Logo(标志)、图标的绝对定位、图文同行排列、"百度一下"输入框、选项卡、我的导航等,如图 1-1 所示。

图 1-1

【知识准备】

1. HTML 结构

```
<html>
<head>
   这里输入文档的头部内容……
   …………
</head>
<body>
   这里输入文档的主体内容……
   …………
</body>
</html>
```

<html>与</html>标签限定了文档的开始点和结束点,在它们之间是文档的头部和主体。文档的头部由<head>标签定义,而主体由<body>标签定义。

2. HTML 标记语言

超文本标记语言(Hyper Text Markup Language,HTML)标记标签通常被称为HTML标签。HTML标签是HTML中基本的单位,是HTML重要的组成部分。

HTML标签大小写不敏感,例如<body>跟<BODY>表示的意思是一样的,推荐使用小写。

3. HTML 标签特点

- 标签是由尖括号包围的关键词,如 <html>。
- 标签通常是成对出现的,如<div>和</div>。
- 标签对的第一个标签是开始标签,如 <div>;第二个标签是结束标签,如</div>。
- 开始标签和结束标签也被称为开放标签和闭合标签。如 <div>为开放标签,</div>为闭合标签。
- 也有单独呈现的标签,如:<img src="百度百科.jpg" />,不需要结束标签</img>。
- 一般成对出现的标签,其内容在两个标签中间,单独呈现的标签,则在标签属性中赋值。如<h1>标题</h1>和<input type="text" value="按钮" />。
- 网页的内容需在<html>标签中,标题、字符格式、语言、兼容性、关键字、描述等信息显示在<head>标签中,而网页展示的内容需嵌套在<body>标签中。

4. <ul>标签

<ul>标签用于定义无序列表。<ul>标签与<li>标签一起使用,创建无序列表。

例:

```
<ul>
  <li>咖啡</li>
  <li>茶</li>
  <li>牛奶</li>
</ul>
```

5. <style>标签

<style>标签用于为 HTML 文档定义样式信息。

style 元素常位于 head 部分中。

任务1 顶部导航菜单

【任务描述】

完成顶部导航菜单的设计,如图 1-2 所示。

(1)创建网站文件夹。

(2)创建网页 index.html 文件。

(3)实现"新闻""hao123""地图""直播""视频""贴吧""学术""更多"等顶部导航菜单内容展示,显示于网页的左上角顶部位置。

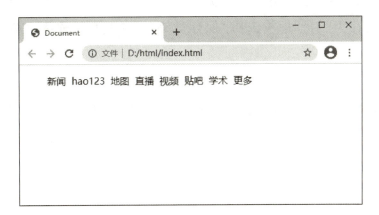

图 1-2

【实现步骤】

(1)创建网站文件夹 html,如图 1-3 所示。

操作视频

(2)打开开发工具 Sublime Text，执行"文件/打开文件夹"命令，如图 1-4 所示。

图 1-3

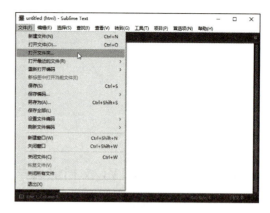
图 1-4

(3)在弹出的"选择文件夹"对话框中选择文件夹 html，如图 1-5 所示。

(4)单击"选择文件夹"按钮，返回 Sublime Text，如图 1-6 所示。

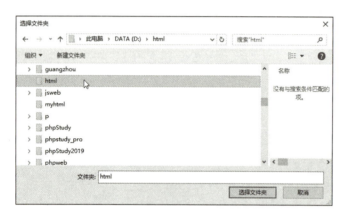
图 1-5

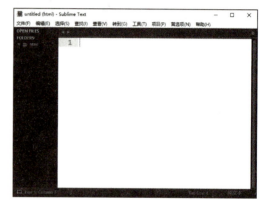
图 1-6

(5)执行"文件/保存"命令，如图 1-7 所示。

(6)在弹出的"另存为"对话框中选择"保存类型"为 HTML，输入文件名 index.html，如图 1-8 所示。

图 1-7

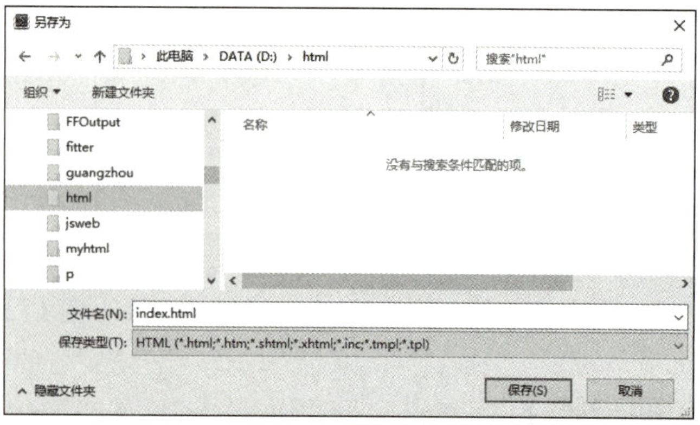

图 1-8

(7)单击"保存"按钮，保存文件后，返回 Sublime Text，如图 1-9 所示。

(8)输入！，如图1-10所示。

图1-9

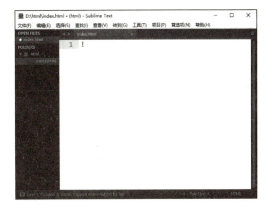

图1-10

(9)按【Tab】键，自动创建html网页默认结构代码，如图1-11所示。

提示：如果开发工具还没有安装自动完成插件，使用！功能不起作用，可以手动输入html网页默认结构代码。

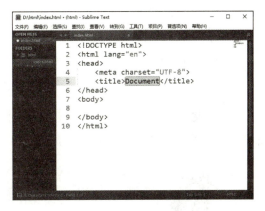

图1-11

知识解读

- <!DOCTYPE html>

<!DOCTYPE html>是HTML5标准网页声明，全称为Document Type HyperText Mark-up Language，意思为文档种类为超文本标记性语言或超文本链接标示语言。

<!DOCTYPE>不是HTML标签。它为浏览器提供一项信息(声明)，即HTML是用什么版本编写的。

- <html lang="en">

向搜索引擎表示该页面语言为英文，lang的意思是语言，可去除，只写成<html>。

- <meta charset="UTF-8">

UTF-8是一种字符编码，在国内网站常用的编码还有GB2312和GBK。GB2312和GBK主要用于汉字编码，UTF-8是国际编码。

<meta charset="UTF-8">定义网页采用国际编码，可以很好地避免网页乱码。如果不定义网页编码，浏览器会自动识别网页编码，有可能会导致中文显示乱码。

> • <title>标签
>
> <title>标签定义文档的标题。

（10）在<body></body>标签内，输入如下<ul>及<li>标签的内容，如图1-12所示。

```
<ul>
    <li>新闻</li>
    <li>hao123</li>
    <li>地图</li>
    <li>直播</li>
    <li>视频</li>
    <li>贴吧</li>
    <li>学术</li>
    <li>更多</li>
</ul>
```

（11）保存文件后，在侧边栏中右击index.html文件名，在弹出的快捷菜单中执行"打开所在文件夹"，如图1-13所示。

图1-12

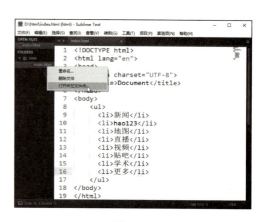

图1-13

（12）打开所在文件夹html后，右击index.html文件名，在弹出的快捷菜单中选择"打开方式"菜单项，展开其子菜单，选择一个浏览器，如图1-14所示。

（13）在浏览器观察运行的网页效果，如图1-15所示。

（14）在<head></head>标签内创建<style>标签，并输入ul{}样式代码"list-style:none;"，如图1-16所示。

图1-14

— 6 —

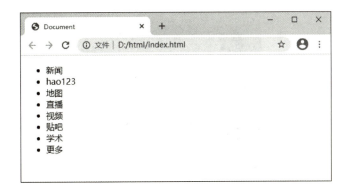

图 1-15 　　　　　　　　　　　　图 1-16

> 知识解读
>
> ● <style> 标签
>
> <style> 标签用于为 HTML 文档定义样式信息。
>
> ● 选择器
>
> <style> 标签需要用选择器指定页面的元素，选择器的 {} 内设置的属性作用于选择的元素。
>
> 例：
>
> ul 选择器选择文档中所有 ul 标签元素，list-style:none 属性作用于所有的 ul 标签。
>
> ● list-style:none
>
> list-style:none 的意思是设置列表项目样式为不使用项目符号。
>
> list-style 用于设置列表项目相关内容，list-style 的取值如下：
>
> ◆ disc：默认值，实心圆。
>
> ◆ circle：空心圆。
>
> ◆ square：实心方块。
>
> ◆ decimal：阿拉伯数字。
>
> ◆ lower-roman：小写罗马数字。
>
> ◆ upper-roman：大写罗马数字。
>
> ◆ lower-alpha：小写英文字母。
>
> ◆ upper-alpha：大写英文字母。
>
> ◆ none：不使用项目符号。

（15）在浏览器观察运行的网页效果，如图 1-17 所示。

（16）添加 ul{} 样式代码"display:flex;"，如图 1-18 所示。

图 1-17

图 1-18

> **知识解读**
>
> • display:flex;
>
> 采用 Flex 布局的元素，称为 Flex 容器(flex container)，简称容器。容器的所有子元素自动成为容器成员，称为 Flex 项目(flex item)，简称项目。
>
> 设置了 display:flex 的容器，子元素排列的方向默认为水平方向。

（17）在浏览器观察运行的网页效果，如图 1-19 所示。

（18）添加 ul li{} 样式代码"margin-right：10px;"，如图 1-20 所示。

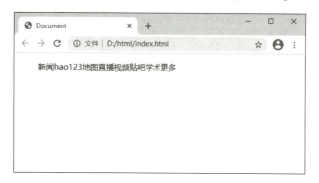

图 1-19

图 1-20

> **知识解读**
>
> • ul li 选择器
>
> 选择文档中所有 ul 标签内的 li 标签；margin-right:10px 属性作用于所有的 li 标签。注意 ul 与 li 之间必须是空格。
>
> • margin-right:10px
>
> margin 属性设置外边距属性。
>
> 代码"margin-right:10px;"表示设置右边界为 10px。

（19）在浏览器观察运行的网页效果，任务完成，如图 1-2 所示。

任务 2　居中的 Logo

【任务描述】

完成 Logo 图像的显示，如图 1-21 所示。

(1) 打开任务 1 创建的 index.html 文件，在页面居中显示 Logo 图像。

(2) 图像大小适当，设置适当的上边距。

图 1-21

【实现步骤】

操作视频

(1) 打开网站文件夹 html，创建 images 文件夹，把图像文件复制到 images 文件中，如图 1-22 所示。

(2) 打开 index.html 文件，创建<div id="logo">标签，在<div id="logo">标签内创建<img src="images/baidu.gif" alt="">标签，如图 1-23 所示。

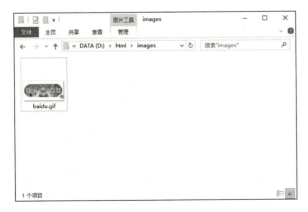

图 1-22

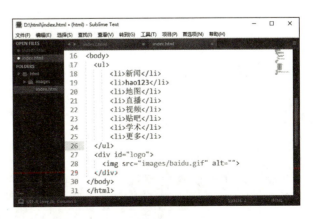

图 1-23

> **知识解读**
>
> • \<img\>标签
>
> \<img\>标签用于在网页中展示指定路径的图像。
>
> \<img\>标签的 src 属性值是图像文件的 URL，即引用该图像文件的绝对路径或相对路径。
>
> \<img\>标签的 alt 属性指定了替代文本，用于在图像无法显示或者用户禁用图像显示时，代替图像显示在浏览器中。

（3）在浏览器观察运行的网页效果，如图1-24所示。

（4）在\<style\>标签中设置#logo{width:200px;background-color:red;}样式属性，如图1-25所示。

图 1-24

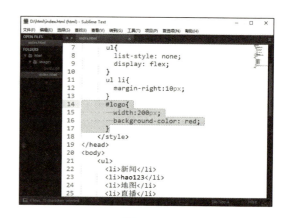

图 1-25

> **知识解读**
>
> • #id 选择器
>
> #id 选择器选择具有指定 id 的元素。
>
> 例：
>
> #logo 的作用是选择页面上 id="logo" 的标签，在#logo{ }内定义的样式属性，作用于所选择的标签元素。
>
> • width:200px
>
> 设置元素宽度为 200px。
>
> • background-color:red
>
> 设置元素背景色为红色。

(5)在浏览器观察运行的网页效果,如图1-26所示。

(6)在#logo{ }中,添加样式代码"margin:0 auto;",如图1-27所示。

图1-26

图1-27

知识解读

- margin 属性的一般写法

margin 属性一般有4个值,用于设置外边距属性。

例:

margin:10px 5px 15px 20px;

第1个值设置上外边距为10px,第2个值设置右外边距为5px,第3个值设置下外边距为15px,第4个值设置左外边距为20px。

- margin 属性的简写法

例:

margin:10px;

设置四个方向的边框均为10px。

例:

margin:10px 5px;

设置上外边距和下外边距为10px,右外边距和左外边距为5px。

例:

margin:10px 5px 15px;

设置上外边距为10px,右外边距和左外边距为5px,下外边距为15px。

例:

margin:0 auto;

设置上外边距为0,左右为auto,表示左右自动平均,达到居中的效果。

(7)在浏览器观察运行的网页效果,如图1-28所示。

(8)在<style>标签中设置#logo img{width:200px;}样式属性,如图1-29所示。

图 1-28

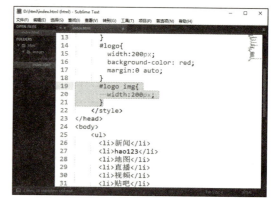

图 1-29

> **知识解读**
>
> ● #logo img 选择器
>
> 选择 id="logo" 的元素内的 img 标签。
>
> #logo img{
>
>   width:200px;
>
> }
>
> 该样式属性设置 img 标签的宽度为 200px，实现设置图像宽度为 200px 的效果。

（9）在浏览器观察运行的网页效果，如图 1-30 所示。

（10）在#logo{ }中内容删除样式代码"background-color:red;"，将其修改为#logo{width:200px;margin:0 auto;}，去除背景色，如图 1-31 所示。

图 1-30

图 1-31

（11）在浏览器观察运行的网页效果，如图 1-21 所示。

任务 3 图标的绝对定位

【任务描述】

完成图标的绝对定位功能,如图 1-32 所示。

(1)新建网页 index.hml,创建一个 div 区域,设置边框,居中于页面。
(2)在 div 标签内,显示一个图标,鼠标移到图标上,图标更改为另一种颜色的图标。
(3)在 div 标签内定位图标位置。

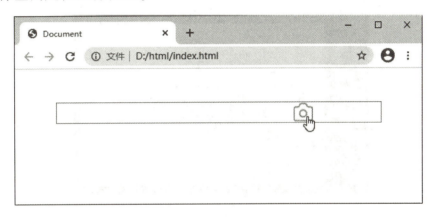

图 1-32

【实现步骤】

操作视频

(1)打开网站文件夹 html,创建 images 文件夹,把需要的图片文件复制到 images 文件中,如图 1-33 所示。
(2)创建网页文件 index.html,在 <body> 标签中创建 <div id="box"> 标签,在 <div id="box"> 标签内创建 <i> 标签,如图 1-34 所示。

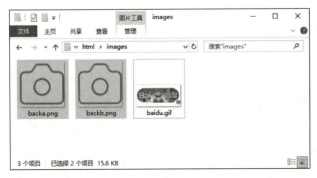

图 1-33   图 1-34

知识解读

- **`<div>`标签**

`<div>`标签可以把文档分割为独立的、不同的部分。

`<div>`是一个块级元素，在浏览器中默认独占一行。

- **`<i>`标签**

`<i>`标签常用于显示斜体文本。

（3）在`<style>`标签中，创建 i 选择器，设置"width:30px;height:30px;background:url("images/backb.png");background-size:100% 100%;position:absolute;right:105px;"等属性，如图1-35所示。

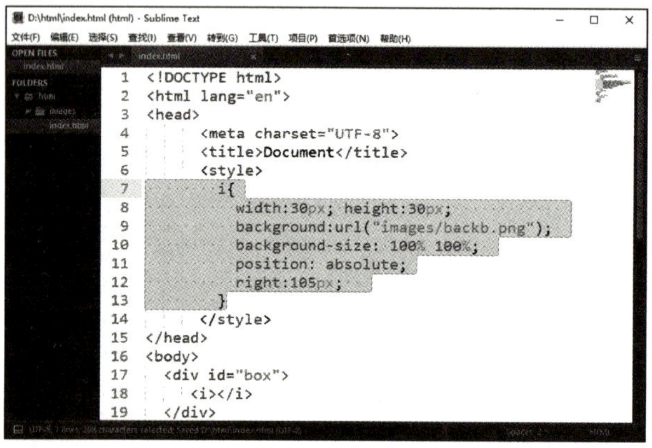

```
<!DOCTYPE html>
<html lang="en">
<head>
    <meta charset="UTF-8">
    <title>Document</title>
    <style>
        i{
            width:30px; height:30px;
            background:url("images/backb.png");
            background-size: 100% 100%;
            position: absolute;
            right:105px;
        }
    </style>
</head>
<body>
    <div id="box">
        <i></i>
    </div>
```

图 1-35

知识解读

- **background 属性设置元素背景**

`background:url("images/backb.png");`

设置背景图为 backb.png。

`background-size:100% 100%;`

背景图宽度拉伸为容器宽度的 100%，高度拉伸为容器高度的 100%。

- **position 属性指定元素的定位类型**

`position:absolute;`

absolute 表示绝对定位。采用 absolute 时，元素的位置受 top、right、bottom、left 等值影响。top 表示上方边距，right 表示右边距，bottom 表示下边距，left 表示左边距；

`right:105px;`

设置元素右边距为 105px。

（4）在浏览器观察运行的网页效果，在距离页面右边界 105px 处显示了指定图标，如图 1-36 所示。

（5）在 <style> 标签中创建 i:hover 选择器，设置"background：url（"images/backa.png"）；background-size：100% 100%；cursor：pointer；"等属性，如图 1-37 所示。

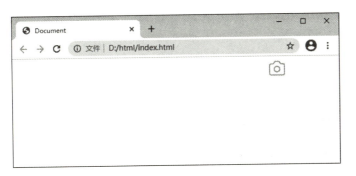

图 1-36

图 1-37

知识解读

• **cursor 设置鼠标指针类型**

cursor：pointer；

鼠标指针呈现为指示链接的指针（一只手）。

cursor：default；

默认鼠标指针（通常是一个箭头），默认鼠标指针可以省略，不用设置。

（6）在浏览器观察运行的网页效果，鼠标指针移动至图标上时，显示另一种颜色的图标，鼠标指针呈现手形，如图 1-38 所示。

（7）在 <style> 标签中，创建 #box 选择器，设置"width：500px；height：30px；border：1px solid red；margin：50px auto；"等属性，如图 1-39 所示。

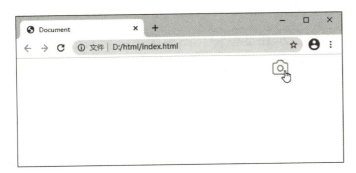

图 1-38

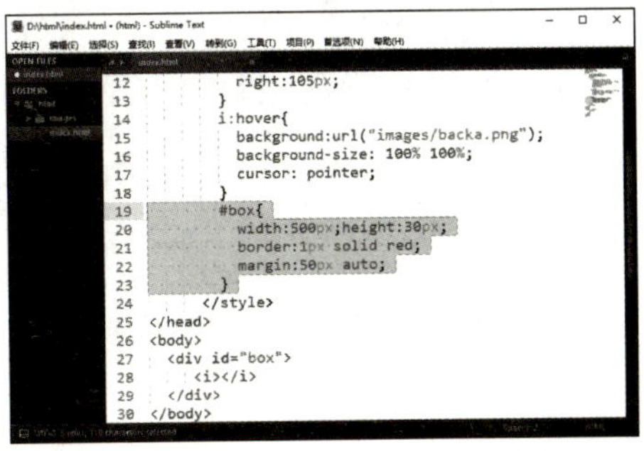

图 1-39

— 15 —

> **知识解读**
>
> - border:1px solid red
>
> 边框的宽度为 1px；边框的线型为 solid，表示实线；red 表示边框的颜色为红色。
>
> solid 改为 dotted 可定义点状边框，改为 dashed 可定义虚线，改为 double 可定义双实线。

（8）在浏览器运行的网页，图标显示在红框中，图标距离网页右边界仍为 105px，如图 1-40 所示。

（9）在 #box 选择器中添加"position:relative;"属性，如图 1-41 所示。

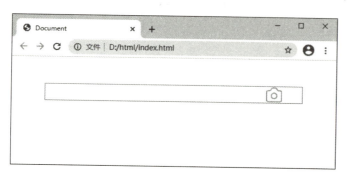

图 1-40

图 1-41

> **知识解读**
>
> - position:relative
>
> 任务中，box 元素用相对定位"position:relative;"；box 元素的子元素 i 应用了绝对定位"position:absolute;"。box 是父元素，包含子级元素 i，元素 i 的绝对定位会参考 box。

（10）在浏览器观察运行的网页效果，图标显示在红框中，图标距离红框右边界为 105px，图标距离网页右边界不再是 105px，如图 1-42 所示。

图 1-42

任务4 图文同行排列

【任务描述】

完成图文同行排列的效果，如图 1-43 所示。

(1) 打开任务 3 的 index.html 文件，在图标右侧显示"百度一下"文本。

(2) 文字为白色，文本框背景色为蓝色，文本框右上角和右下角为圆弧形。

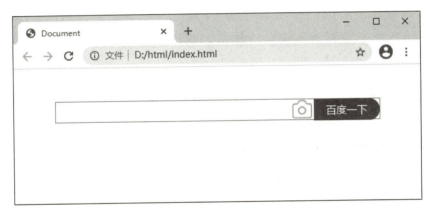

图 1-43

【实现步骤】

(1) 打开 index.html 文件，在<div id="box">标签内添加<span>百度一下</span>标签，如图 1-44 所示。

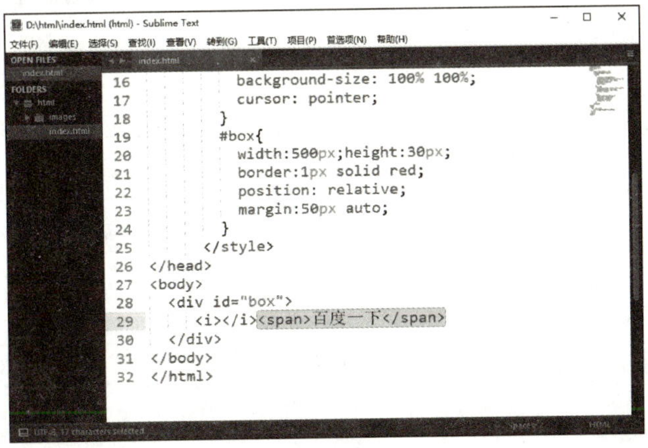

操作视频

图 1-44

知识解读

- `<span>`标签

`<span>`标签一般被用来组合文档中的行内元素。`<span>`没有默认的样式表现。当对它应用样式时，它才会产生视觉上的变化。

- 元素分类

HTML可以将元素分类方式分为行内元素、块状元素和行内块状元素三种。三种元素是可以互相转换的，使用display属性能够将三者任意转换：

◆ "display:inline;"表示转换为行内元素。

◆ "display:block;"表示转换为块状元素。

◆ "display:inline-block;"表示转换为行内块状元素。

- 行内元素特征

不会自动进行换行是行内元素一个特征。行内元素最常使用的就是`<span>`。

（2）在浏览器运行的网页效果，文本"百度一下"显示在框内左侧，如图1-45所示。

（3）在`<style>`标签中创建#box span选择器，设置"width:100px;color:white;background-color:blue;display:inline-block;position:absolute;right:0;border-radius:0 20px 20px 0;height:30px;line-height:30px;text-align:center;border:1px solid blue;"等属性，如图1-46所示。

图 1-45

图 1-4

知识解读

- line-height 属性

line-height 属性设置行间的距离(行高)。

"line-height:30px;"表示每行高为30px。

- right:0

> 先设置绝对定位"position：absolute；"再设置"right：0；"，元素紧靠右侧显示。<span>百度一下</span>标签是<div id="box">的子元素，<span>应用了"position：absolute；right：0；"就会紧靠<div id="box">右侧，像右对齐的效果。

（4）在浏览器观察运行的网页效果，文本"百度一下"设置了样式，并显示在框内右侧，如图 1-43 所示。

任务 5　"百度一下"输入框

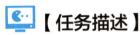【任务描述】

完成"百度一下"输入框的设计，如图 1-47 所示。

（1）输入框无焦点时，灰色边框为灰色；当输入内容时，输入框获取焦点，边框变为蓝色。

（2）图标在蓝色边框范围内。

（3）输入的内容在行内垂直居中，离左边界适当的边距。

（4）"百度一下"右侧圆弧边界，无其他边框。

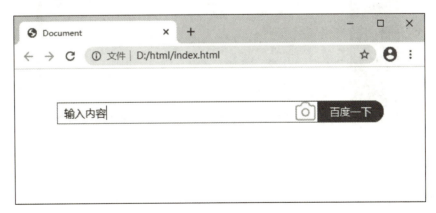

图 1-47

【实现步骤】

（1）打开 index.html 文件，在<div id="box">标签内添加<div id="input" contenteditable="true"></div>标签，如图 1-48 所示。

操作视频

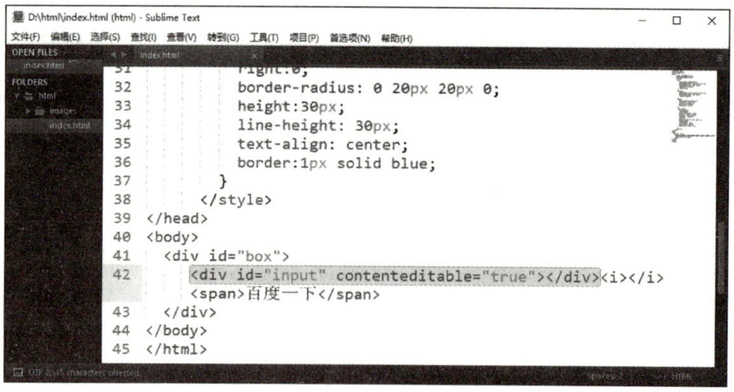

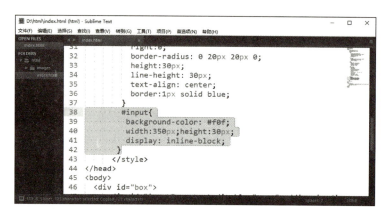

图 1-48

> **知识解读**
>
> - contenteditable="true"
>
> contenteditable 属性指定元素内容是否可编辑。
>
> "contenteditable="true";"指定元素可编辑。
>
> "contenteditable="false";"指定元素不可编辑。

（2）在 <style> 标签中，添加 #input{background-color:#f0f;width:350px;height:30px;display:inline-block;}，如图 1-49 所示。

图 1-49

> **知识解读**
>
> background-color:#f0f;
>
> #f0f 是采用十六进制颜色表示方式。CSS 中颜色的 4 种表示方法如下。
>
> （1）英文单词表示颜色
>
> 例：字体或前景设为红色，写成 color:red。

(2)十六进制表示颜色

十六进制颜色的组成部分是：#RRGGBB，其中RR(红色)，GG(绿色)和BB(蓝色)，所有值都必须介于0和FF之间。可以理解为，十六进制的实质就是RGB，每两位表示一种颜色。当每两位的值一样的时候可以缩写，例：color:#ffcc00可以简写成color:#fc0。

(3)RGB表示颜色

rgb(R，G，B)中，R表示红色(red)，G表示(绿色)green，B表示(蓝色)blue。

例：红色写成rgb(255,0,0)，白色写成rgb(255,255,255)，黑色写成rgb(0,0,0)。

(4)HSL表示颜色

HSL颜色值分别代表：色相、饱和度、亮度。

例：

background-color:hsl(360,50%,50%);

(3)在浏览器观察运行的网页效果，图标左侧区域正常输入文本，如图1-50所示。

(4)在#input{ }中添加"line-height:30px;padding-left:10px;"属性，如图1-51所示。

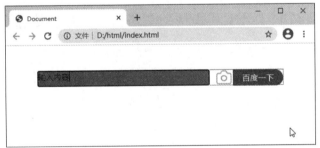

图1-50

图1-51

知识解读

- padding 属性

  padding 属性设置内边距属性。

  例：

  padding:10px 5px 15px 20px;

  该语句表示上内边距是10px，右内边距是5px，下内边距是15px，左内边距是20px。

  例："padding-left:10px;"表示左内边距是10px。

  例："padding-top:15px;"表示上内边距是15px。

> 例："padding-right:10px;"表示右内边距是 10px。
>
> 例："padding-bottom:15px;"表示下内边距是 15px。

（5）输入文本在输入区域内垂直居中，文本距离左边框为 10px，如图 1-52 所示。

（6）在 #input{ } 中，添加 "outline:none;"，如图 1-53 所示。

图 1-52　　　　　　　　　　　　　　图 1-53

> **知识解读**
>
> ● outline 属性
>
> 设置所有的轮廓属性。outline（轮廓）是绘制于元素周围的一条线，位于边框边缘的外围，可起到突出元素的作用。
>
> outline-color 规定边框的颜色，outline-style 规定边框的样式，outline-width 规定边框的宽度。
>
> 如果不设置其中的某个值，也是允许的，例：
>
> outline:solid #ff0000;
>
> 不设置轮廓时，写成：
>
> outline:none;

（7）输入区域去除了默认的边框，如图 1-54 所示。

（8）在 #input{ } 中添加 "border:1px solid #666;" 属性，如图 1-55 所示。

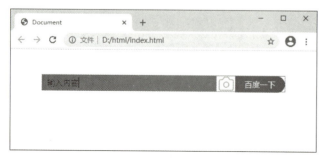 

图 1-54　　　　　　　　　　　　　　图 1-55

(9) 输入区域设置了指定的边框，如图 1-56 所示。

(10) 在#input{ }中将"width:350px;"改为"width:400px;"，如图 1-57 所示。

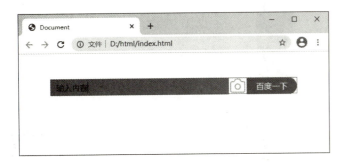

图 1-56

图 1-57

(11) 输入区域宽度增长了，覆盖了右侧的图标，如图 1-58 所示。

(12) 在#input{ }中删除"background-color:#f0f;"属性，如图 1-59 所示。

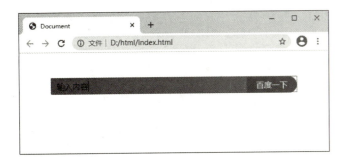

图 1-58

图 1-59

(13) 输入区域去除了背景色，右侧图标又可见了，如图 1-60 所示。

(14) 在#box{ }中删除"border:1px solid red;"属性，如图 1-61 所示。

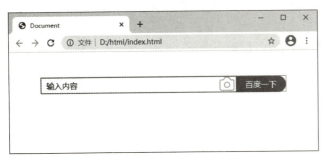

图 1-60

图 1-61

(15) 去除了#box 的边框，如图 1-62 所示。

(16) 在<style>标签中设置#input:focus{outline:none;border:1px solid blue;}属性，如图 1-63 所示。

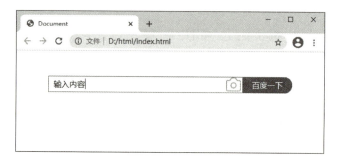

图 1-62

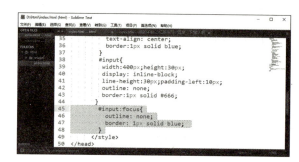

图 1-63

（17）输入区域获得焦点时，显示另一种颜色的边框，如图 1-47 所示。

任务 6　选项卡

【任务描述】

完成选项卡的功能设计，如图 1-64 所示。

（1）创建 3 个选项，横向排列，每个选项卡设有边框、背景色、文本内容。

（2）鼠标移动至当前选项卡上面时，鼠标指针呈手形，当前选项卡文字粗体显示，在选项卡下方显示对应的选项内容。

图 1-64

【实现步骤】

（1）新建 index.html 文件，在<body>标签内创建<div id = " cssTabs" ></div>标签，在<style>标签内设置 #cssTabs { position: relative; width: 600px; height: 300px; background-

操作视频

color:#0f9;属性,如图1-65所示。

(2)在浏览器观察运行的网页效果,网页划分了一个长方形有背景色的区域,如图1-66所示。

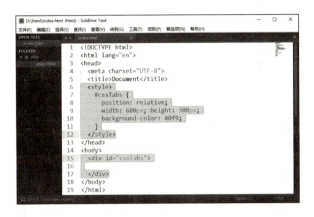

图 1-65

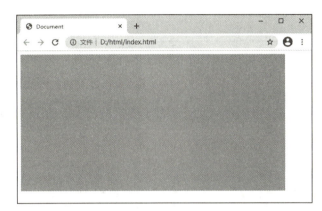

图 1-66

(3)在<div id=" cssTabs"></div>标签内添加<div id=" tab1">、<div id=" tab2">、<div id=" tab3">等3个标签,分别在3个标签中添加<h3 class=" tabHead">标签,设置不同的显示文本,如图1-67所示。

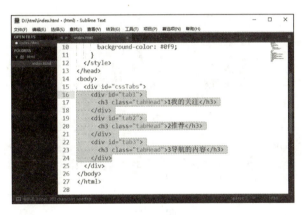

图 1-67

> **知识解读**
>
> • class 属性
>
> 标签元素 class 属性定义了元素的类名。
>
> class 属性通常用于指向样式表的类。
>
> 例:<h3 class=" tabHead">
>
> <h3>标签的类名是 tabHead,<style></style>标签内定义一个类样式 .tabHead,.tabHeadtnr 定义的样式作用于所有 class=" tabHead" 的元素。

（4）在浏览器运行的网页效果，有三个标题，如图1-68所示。

（5）在<style>标签内设置 .tabHead{font-weight:normal;height:30px;width:140px;line-height:30px;border:1px solid #000;border-width:1px 1px 0;background:#fff;cursor:pointer;}，如图1-69所示。

图1-68

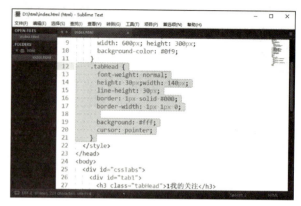

图1-69

（6）浏览网页效果，3个标题设置了样式，下边框没有设置，如图1-70所示。

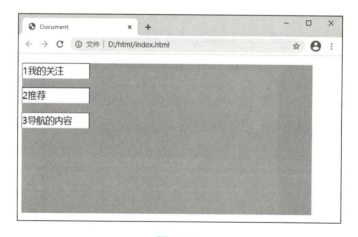

图1-70

知识解读

- border-width 属性

border-width 属性为元素的所有边框设置宽度，或者单独地为各边边框设置宽度。

"border-width:1px 1px 0;"只有3个参数属性：第一个1px设置上边框宽度为1px；第二个1px设置左右边框宽度为1px；0设置下边框的宽度为0，即没有下边框。

（7）在 .tabHead{ }中添加"position:absolute;"属性，对所有类名为tabHead的元素设属绝对定位属性，如图1-71所示。

（8）浏览网页效果，3个标题重叠了，只看到第三个标题，如图1-72所示。

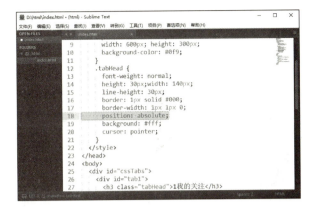

图 1-71

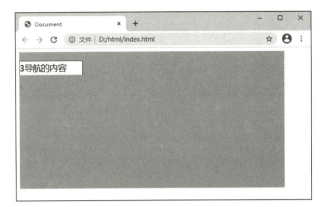

图 1-72

> 知识解读
>
> • 绝对定位 position:absolute
>
> 多个标签元素设置为绝对定位，可能出现多个元素重叠的效果。

（9）在<style>标签中添加#tab1 .tabHead{z-index:3;}、#tab2 .tabHead{left:155px;z-index:1;}、#tab3 .tabHead {left:310px;z-index:1;}，如图 1-73 所示。

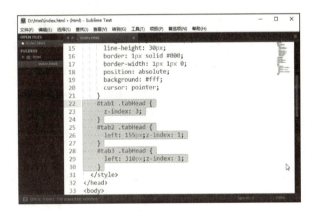

图 1-73

> 知识解读
>
> • z-index 属性
>
> z-index 属性设置元素的堆叠顺序。
>
> 例：
>
> z-index:-1;
>
> z-index:9999;
>
> z-index 属性值大的元素，可能会层叠在 z-index 属性值小的元素前面。

（10）浏览网页效果，3 个标题 left 属性不相同，不再重叠了，如图 1-74 所示。

（11）在<style>标签中添加#tab1:hover h3,#tab2:hover h3,#tab3:hover h3｛z-index:4;font-weight:bold;｝，如图 1-75 所示。

图 1-74

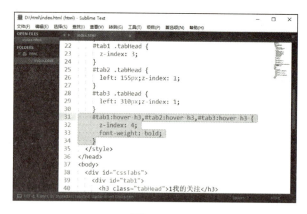

图 1-75

> **知识解读**
>
> • font-weight:bold
>
> 定义粗体字符。
>
> • :hover 选择器
>
> 选择鼠标指针浮动在其上的元素。
>
> #tab1:hover h3｛z-index:4；font-weight:bold;｝表示鼠标指针浮动在 tab1 元素时，h3 设置的样式属性堆叠顺序为 4，字体显示为粗体。

（12）浏览网页效果，鼠标指针移到标题时，标题的字体显示为粗体，如图 1-76 所示。

（13）在<body>标签中每个<h3>标签下方都添加<div class="tabContent">标签，并显示对应的文本内容，如图 1-77 所示。

图 1-76

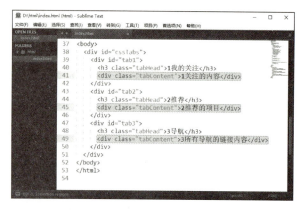

图 1-77

（14）浏览网页效果，<div class="tabContent">标签的内容影响了其他页面内容，如图1-78所示。

（15）在<style>标签中添加 .tabContent｛background:#fff;border:1px solid #000;width:100%;height:50px;｝，如图1-79所示。

图1-78

图1-79

（16）浏览网页效果，<div class="tabContent">标签的内容设置了边框，还存在影响其他页面内容的不足，如图1-80所示。

（17）在 .tabContent｛｝中添加"position:absolute;top:248px;left:0;"属性，如图1-81所示。

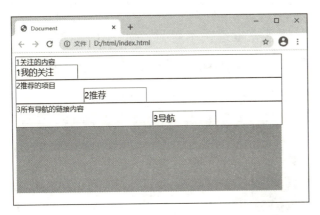

图1-80

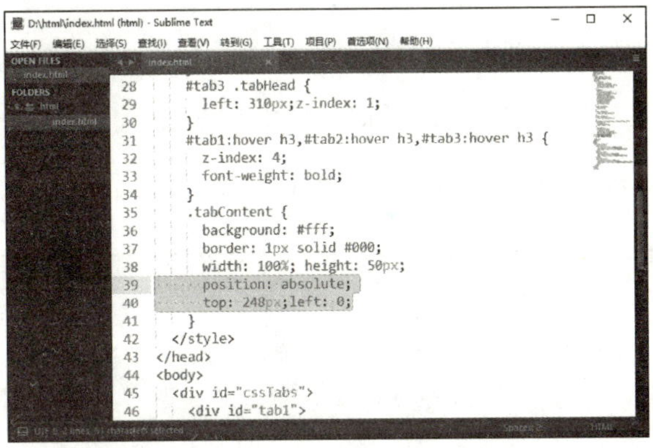

图1-81

（18）浏览网页效果，<div class="tabContent">标签设置绝对定位，显示于距顶部248px、距左侧0的位置，如图1-82所示。

（19）在 .tabContent｛｝中添加"opacity:0;"属性,设置了完全透明（不可见）的属性值,如图1-83所示。

图 1-82

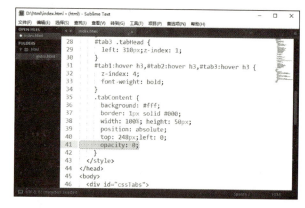

图 1-83

> **知识解读**
>
> • opacity
>
> 设置元素的不透明级别,从 0.0(完全透明)到 1.0(完全不透明)。
>
> 例:
>
> Opacity:0;
>
> 元素完全透明不可见。

(20)浏览网页效果,<div class="tabContent">标签完全透明不可见,如图 1-84 所示。

(21)在<style>标签中添加#tab1 .tabContent{z-index:2;opacity:1;},设置 tab1 标题内的 tabContent 元素的堆叠顺序为 2,透明度为 1,即正常可见,如图 1-85 所示。

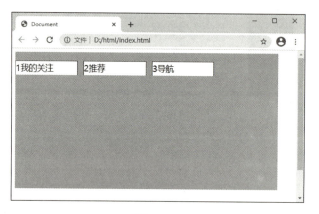

图 1-84

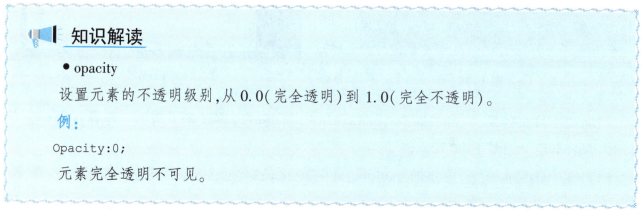

图 1-85

(22)浏览网页效果,第一个标题的内容可见了,如图 1-86 所示。

(23)在<style>标签中添加#tab1:hover .tabContent,#tab2:hover .tabContent,#tab3:hover .tabContent{z-index:3;opacity:1;},如图 1-86 所示。

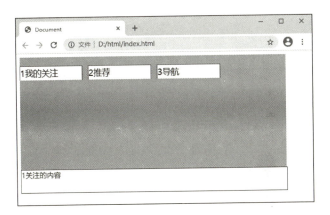
图 1-86

图 1-87

（24）浏览网页效果，鼠标移到标题上时，标题对应的内容可见了，如图 1-88 所示。

（25）在<style>标签中编辑 .tabContent{ }的内容，将 height 和 top 属性修改为"height:350;top:48px;"，如图 1-89 所示。

图 1-88

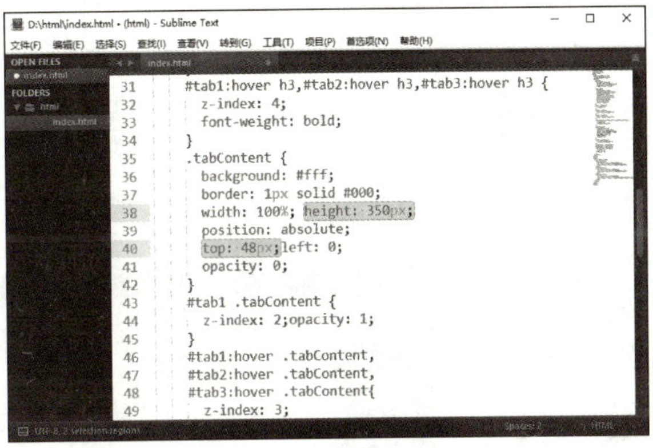

图 1-89

（26）浏览网页效果，内容区域高度为 350px，内容区域紧邻标题下边框，如图 1-64 所示。

任务 7　我的导航

【任务描述】

完成"我的导航"的设计，如图 1-90 所示。
（1）创建标题"我的导航"。
（2）创建导航内容区域，外设边框。
（3）显示多个导航内容，导航内容包括图标和文本，单击导航内容可以打开目标网站。

（4）图标样式四角弧形，文本左右居中、垂直居中，字体白色、背景色适当；右侧显示导航目标的网站提示文本，垂直居中，背景色适当。

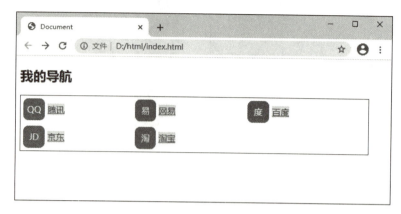

图 1-90

【实现步骤】

（1）新建 index.html 文件，在<body>标签内创建<h2>标签，创建<div id="box">标签，在<div id="box">标签内再创建若干个<a>标签，设置合适的标签内容，如图 1-91 所示。

操作视频

```
<!DOCTYPE html>
<html lang="en">
<head>
    <meta charset="UTF-8">
    <title>Document</title>
</head>
<body>
<h2>我的导航</h2>
<div id="box">
    <a href="http://qq.com" class="item"><i>QQ</i><span>腾讯</span></a>
    <a href="http://163.com" class="item"><i>易</i><span>网易</span></a>
    <a href="http://baidu.com" class="item"><i>度</i><span>百度</span></a>
    <a href="http://jd.com" class="item"><i>JD</i><span>京东</span></a>
    <a href="http://taobao.com" class="item"><i>淘</i><span>淘宝</span></a>
</div>
</body>
</html>
```

图 1-91

知识解读

• <h2>标签

<h1>、<h2>、<h3>……<h6>标签可定义标题。<h1>定义的标题字号最大。<h6>定义的标题字号最小。

（2）在浏览器观察运行的网页效果，如图 1-92 所示。

（3）在<style>标签中创建#box{display:flex;flex-wrap:wrap;width:650px;border:1px solid #000;}，如图 1-93 所示。

图 1-92

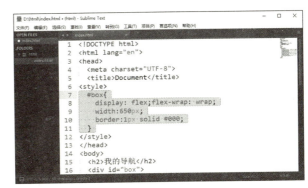

图 1-93

> **知识解读**
>
> display:flex;flex-wrap:wrap;
>
> 采用 flex 模型中，有 3 个核心概念：
>
> - flex 项(即 flex 子元素)。
> - flex 容器，其包含 flex 项。
> - 排列方向(direction)，决定了 flex 项的布局方向。
>
> flex-wrap 属性设置子元素的换行方式：
>
> - "flex-wrap:nowrap;"表示不换行。
> - "flex-wrap:wrap;"表示子元素充满 flex 容器宽度时自动换行，第一行在上方。
> - "flex-wrap:wrap-reverse;"表示子元素充满 flex 容器宽度时自动换行，第一行在下方。

(4) 在浏览器观察运行的网页效果，内容显示在指定宽度的区域边框内，如图 1-94 所示。

(5) 创建 .item{width:200px;height:40px;margin:5px;}，如图 1-95 所示。

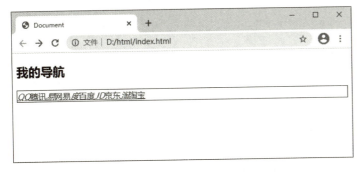

图 1-94

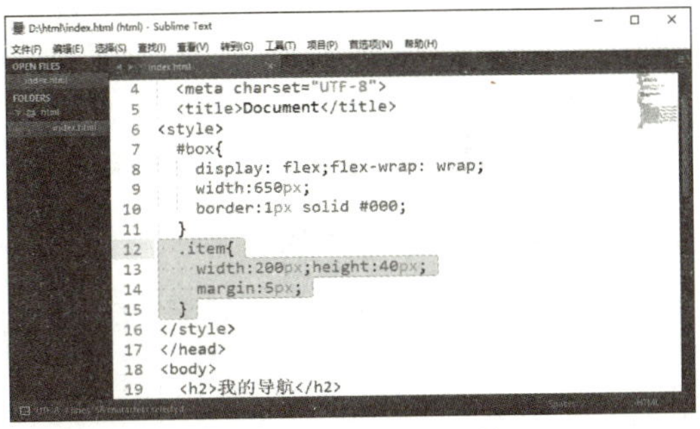

图 1-95

(6) 浏览网页效果，item 元素内容之间设有距离，如图 1-96 所示。

(7) 设置 i{width:40px;height:40px;line-height:40px;background-color:green;display:inline-block;float:left;margin-right:5px;text-align:center;color:white;font-style:normal;border-radius:

10px;}等样式属性，如图1-97所示。

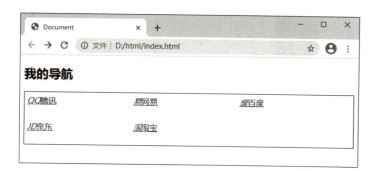

图1-96　　　　　　　　　　　　　　　　　图1-97

> **知识解读**
>
> • float:left
>
> float属性设置元素浮动，"float:left;"设置元素向左浮动。

（8）浏览网页效果，i元素设有指定样式，如图1-98所示。

（9）设置 span{height:40px;line-height:40px;background:yellow;}样式属性，如图1-99所示。

图1-98　　　　　　　　　　　　　　　　　图1-99

> **知识解读**
>
> • line-height 属性
>
> "line-height:40px;"表示行高为40px。

（10）浏览网页，span元素内的文本垂直居中，如图1-90所示。

【项目总结】

本项目以搜索网站的首页为学习内容，完成了顶部导航菜单、居中的 Logo、图标的绝对定位、图文同行排列、"百度一下"输入框、选项卡、我的导航等设计任务。在任务制作过程中，讲述了 <style>、<body>、<div>、<img>、<a>、<ul>、<li>、<h2>、<h3>、<i>、<span> 等标签的应用，讲述了标签属性设置、选择器应用、样式属性设置等专业技能，实现了任务指定的设计要求，讲述了宽度、高度、居中、背景色、前景色、绝对定位等应用技巧。

【拓展与提高】

任务 1

【任务描述】

完成一个带背景色的顶部导航菜单，如图 1-100 所示。

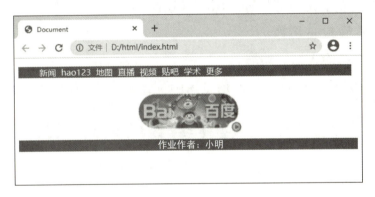

图 1-100

（1）实现"新闻，hao123，地图，直播，视频，贴吧，学术，更多"等顶部导航菜单内容展示，显示于网页的左上角顶部位置，深色背景色，白色文本。

（2）在页面居中显示 Logo 图像。

（3）在图像下方显示作者信息；文本信息居中，设置适当的背景色和字体颜色。

> 提示：在 <style> 中，"background-color:#066;"设置背景色；"color:white;"设置前景色；"text-align:center;"设置文本居中。

任务 2

【任务描述】

在同一页面中，完成顶部导航菜单、Logo 图片居中，"百度一下"输入框等功能的设计，如图 1-101 所示。

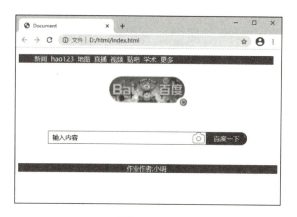

图 1-101

（1）实现"新闻""hao123""地图""直播""视频""贴吧""学术""更多"等顶部导航菜单内容展示，显示于网页的左上角顶部位置，深色背景色，白色文本。

（2）在页面居中显示 Logo 图像。

（3）完成"百度一下"输入框等功能。

（4）在页面下方显示作者信息；文本信息居中，设置适当的背景色和文本颜色。

任务 3

【任务描述】

完成选项卡的功能设计，如图 1-102 所示。

图 1-102

(1)创建3个选项，横向排列；选项卡边框左上角、右上角圆弧效果，无下边框；文本居中。

(2)鼠标指针移到当前选项卡上面时，鼠标指针呈手形，当前选项卡字体粗体显示，在选项卡下方显示对应的选项内容，文本居中。

任务4

【任务描述】

完成"我的导航"的设计，如图1-103所示。

图1-103

(1)创建标题"我的导航"，设置宽度并居中显示。

(2)创建导航内容区域，外设边框。

(3)显示多个导航内容，导航有文本样式，请为每项内容添加一个合适的图标。

PROJECT 2 项目 ②

公司网站项目

项目概述

本项目完成一个电子公司网站的首页部分内容设计，实现网页的布局。应用<div>、<ul>、<li>、<img>、<span>等标签完成公司网站常见效果的设计，学习过程中，注重提高应用的有效性，讲解<style>标签中多种属性的设计技能。本项目开发的基本任务包括页面布局、顶部 Logo、图像背景的导航、产品分类、产品展示、业务咨询信息、底部版权信息等，如图 2-1 所示。

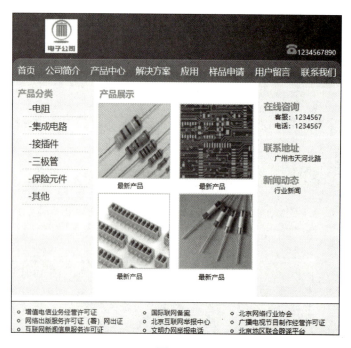

图 2-1

【知识准备】

1. <style> 标签

<style>标签用于为 HTML 文档定义样式信息。

style 元素常位于 head 部分中。

2. <ul>标签

<ul>标签定义无序列表。<ul>标签与<li>标签一起使用,创建无序列表。

例:

```
<ul>
    <li>咖啡</li>
    <li>茶</li>
    <li>牛奶</li>
</ul>
```

3. 弹性布局(display:flex)

Flex 是 Flexible Box 的缩写,意为"弹性布局",是 CSS3 引入的新的布局模式。提供一个更有效地布局、对齐方式,并且能够使容器中的子元素在大小未知或动态变化情况下仍然能够分配好子元素之间的空间。Flex 效果受属性设置影响。

例:

```
flex-direction:row 表示沿水平主轴让元素从左向右排列。
flex-direction:column 表示让元素沿垂直主轴从上到下垂直排列。
flex-wrap:nowrap 表示元素不换行。
```

任务 1 页面布局

【任务描述】

完成页面的布局设计,如图 2-2 所示。

(1)创建网页文件 index.html。

(2)分析项目网页效果,把页面从上到下划分为 4 行,各行宽度相同,居中于网页,设置适当的背景。

（3）第一行位于网页顶部，将用于显示公司 Logo 图像等信息；第二行显示导航菜单，向上嵌入第一行下方 10px，设有背景图，边框左上角、右上角设为圆角；第三行包括左、中、右 3 栏，高度将由显示内容的多少决定，左栏将用于显示产品分类，中栏将用于产品展示，右栏将用于显示业务咨询信息；最后一行位于网页底部，将用于显示版权或备案信息。

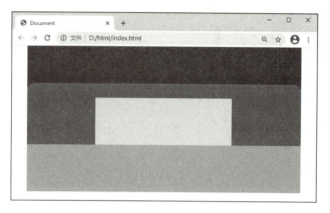

图 2-2

【实现步骤】

操作视频

（1）创建 index.html，在<body>标签中创建<div> <div class="top"> </div> <ul class="topul"></ul></div>等标签，如图 2-3 所示。

（2）创建<style>标签，设置 .top{background-color:#184580;height:90px;width:600px;margin:0 auto;}样式属性，如图 2-4 所示。

图 2-3

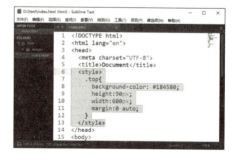

图 2-4

知识解读

- margin:0 auto

margin 如果只有两个参数，第一个表示上、下外边距 top 和 bottom，第二个表示左、右外边距 left 和 right。

"margin:0 auto;"表示上下外边距为 0，左右外边距自适应相同值，即达到水平居中的效果。

(3)浏览网页，顶部区域设有背景色且居中于页面，如图 2-5 所示。

(4)在＜style＞标签中设置.topul｛width:600px;height:40px;background:url（"images/imgback.png"）;border-radius:15px 15px 0 0;margin:-10px auto;｝样式属性，如图 2-6 所示。

图 2-5

图 2-6

> **知识解读**
>
> • background:url("images/imgback.png")
>
> 设置背景的图像文件。
>
> • border-radius:15px 15px 0 0
>
> 设置元素的左上角、右上角为圆角，其他角仍是直角。

(5)浏览网页，设有背景图的第二区域居中于页面，如图 2-7 所示。

(6)在＜style＞标签中输入 *｛margin:0;padding:0;｝，如图 2-8 所示。

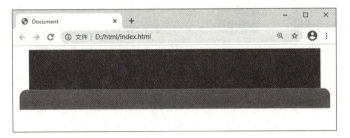

图 2-7

图 2-8

> **知识解读**
>
> • *｛margin:0;padding:0;｝
>
> 在网页文件中，许多标签的 margin 和 padding 属性具有默认非零值，例如 body、ul、li、p 等标签。标签的 margin 或 padding 值非零时，表现为外边界距周边标签具有一定的距离。使用 *｛margin:0;padding:0;｝可以把网页中的所有标签的 margin 和 padding 属性值设为 0。

（7）浏览网页效果，如图2-9所示。

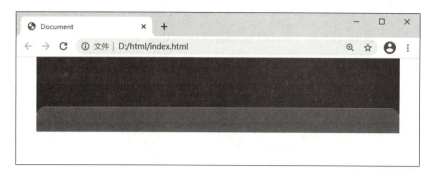

图2-9

（8）在<body>标签内创建<div class="main"></div>标签，在其中创建3个<div class="content"></div>标签，如图2-10所示。

（9）在<style>标签内设置.content{height:100px;}.content:nth-child(1){width:25%;background:green;}.content:nth-child(2){width:50%;background:yellow;}.content:nth-child(3){width:25%;background:green;}属性，如图2-11所示。

图2-10　　　　　　　　　　　　　图2-11

知识解读

- CSS3的:nth-child()选择器

:nth-child(n)选择器匹配父元素中的第n个子元素。

.content:nth-child(1)表示第1个class名称为content的元素；.content:nth-child(2)表示第2个class名称为content的元素。

（10）浏览网页效果，如图2-12所示。

（11）在<style>标签内设置.main{width:600px;margin:0 auto;display:flex;}样式属性，如图2-13所示。

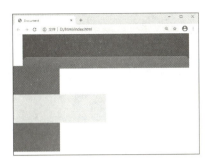

图 2-12

图 2-13

（12）浏览网页效果，如图 2-14 所示。

（13）在<body>标签内创建<div class="foot"> </div>标签，如图 2-15 所示。

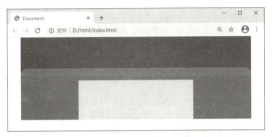

图 2-14　　　　　　　　　　　图 2-15

（14）在<style>标签内设置 .foot{height:100px;width:600px;background-color:#11f6f9;margin:0 auto;}样式属性，如图 2-16 所示。

图 2-16

（15）浏览网页效果，如图 2-2 所示。

任务 2　顶部 Logo

【任务描述】

设计顶部 Logo 内容的显示效果，如图 2-17 所示
（1）在页面顶部划分一个长方形区域，设置适当的背景色。
（2）左侧适当位置显示公司 Logo，Logo 四周设置外边距。
（3）右下角显示电话图标，在图标右侧显示电话文本，文本设置适当的颜色。

图 2-17

【实现步骤】

（1）在<body>标签内创建<div class="top"> </div>标签，在<style>标签内设置 .top｛background-color:#184580;height:90px;width:600px;margin:0 auto;position:relative;｝样式属性，如图 2-18 所示。

（2）浏览网页效果，如图 2-19 所示。

图 2-18　　　　　　　　　　　图 2-19

（3）在<style>标签内设置 * ｛margin:0;padding:0;｝属性，如图 2-20 所示。

（4）浏览网页效果，如图2-21所示。

图2-20

图2-21

> **知识解读**
>
> ● *{margin:0;padding:0;}应用
>
> 应用*{margin:0;padding:0;}，body标签的margin和padding的值设为0，刚添加的元素与网页上边界距离为0。

（5）添加<img src="images/logo3.png" class="logo" alt="">标签，设置.top .logo{width:60px;height:60px;margin-top:10px;margin-left:60px;}样式属性，如图2-22所示。

（6）浏览网页效果，Logo图像正常显示，如图2-23所示。

图2-22

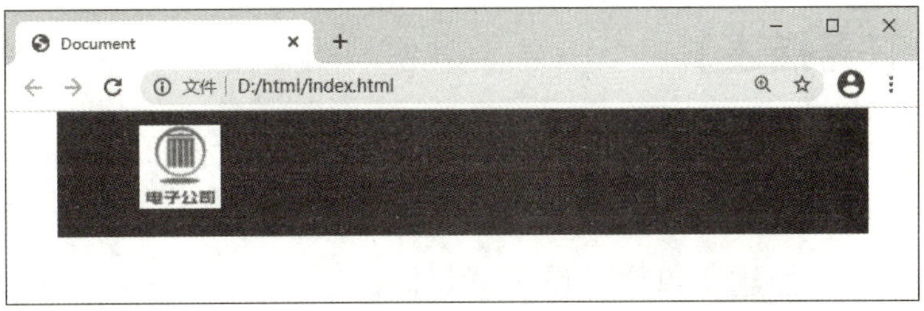

图2-23

（7）添加<div class="tele"><img src="images/tele.png" alt=""><span>1234567890</span></div>等标签，设置.tele{position:absolute;right:10px;top:50px;color:white;}和.tele img{width:20px;height:20px;}样式属性，如图2-24所示。

图2-24

> **知识解读**
>
> ● position：absolute
>
> "position：absolute；"表示元素采用绝对定位方式。
>
> 元素的位置通过 left、top、right 及 bottom 属性进行定位。
>
> 例：
>
> position:absolute;//采用绝对定位方式
>
> right:10px;//右边距 10px
>
> top:50px;//上边距 50px

（8）浏览网页效果，电话内容正常显示，如图 2-17 所示。

任务 3　图像背景的导航

【任务描述】

完成图像背景的导航效果的设计，如图 2-25 所示。

（1）在页面顶部设置一个区域，设置背景色，设置适当的宽度和高度。

（2）创建菜单栏，设置背景图。

（3）设置"首页""公司简介""产品中心"等菜单项。

图 2-25

【实现步骤】

（1）打开网站文件夹，创建 images 文件夹，把图像文件复制到 images 文件中；在 \<body>标签中创建\<div class = " top" >标签，在\<style>标签中设置 ＊｛margin：0；padding：

0；}，初始化所有标签的外边距和内边距为0，设置 .top{width:600px;height:120px;background-color:#8895f0;margin:0px auto;}样式属性，如图2-26所示。

（2）浏览网页效果，如图2-27所示。

图 2-26

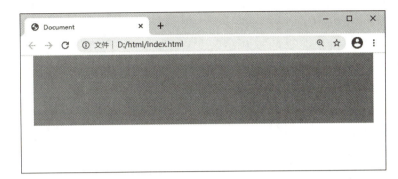

图 2-27

（3）在<body>标签中创建<ul class="topul">标签，在其中创建<li>首页</li>、<li>公司简介</li>等标签，如图2-28所示。

（4）浏览网页效果，如图2-29所示。

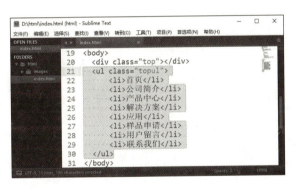

图 2-28

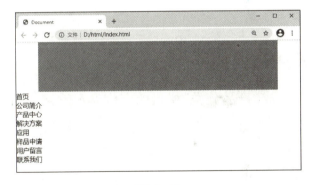

图 2-29

（5）在<style>标签中输入 ul{list-style:none;}，设置列表项目样式为不使用项目符号；设置 .topul{position:relative;width:600px;display:flex;justify-content:space-around;color:white;height:40px;line-height:40px;background:url("images/imgback.png");border-radius:15px 15px 0 0;margin:-10px auto;}样式属性，如图2-30所示。

图 2-30

> **知识解读**
>
> • border-radius
>
> border-radius 可以同时设置 1~4 个值。如果设置 4 个值，4 个值依次对应左上角、右上角、右下角、左下角，即按顺时针顺序。
>
> 例：
>
> border-radius:15px 15px 0 0;
>
> //左上角为 15px，右上角为 15px，右下角和左下角的值为 0

（6）浏览网页效果，如图 2-25 所示。

任务 4　产品分类

【任务描述】

完成"产品分类"栏目的定位显示效果，如图 2-31 所示。

（1）页面划分左、中、右 3 栏，设置适当背景色、宽度和高度。

（2）左侧显示产品分类内容。

图 2-31

【实现步骤】

（1）在 \<body> 标签内输入 \<div class = " main" >\</div> 标签，在其中创建 3 个 \<div class = " content" >\</div> 标签，如图 2-32 所示。

（2）在<style>标签内设置 .main{width:600px;height:320px;background-color:#f1f6f9;margin:10px auto;display:flex;border:1px dashed #666;}样式属性，如图2-33所示。

图 2-32

图 2-33

（3）浏览网页效果，如图2-34所示。

（4）在<style>标签内设置 .content:nth-child(1){width:25%;height:100%;}、.content:nth-child(2){width:50%;height:100%;background-color:#8cfdff;}、.content:nth-child(3){width:25%;height:100%;}样式属性，如图2-35所示。

图 2-34

图 2-35

> **知识解读**
>
> ● .content:nth-child
>
> 例：
>
> .content:nth-child(1){width:25%;height:100%;}表示选择第一个class="content"的元素，将其宽度设置为父容器的25%，高度设置为父容器的100%。

（5）浏览网页效果，如图2-36所示。

（6）在<body>标签内添加<h4>产品分类</h4>标签，添加<ul class="conleftul"></ul>，在<ul class="conleftul"></ul>中添加<li>-电阻</li>、<li>-集成电路</li>等标签，如图2-37所示。

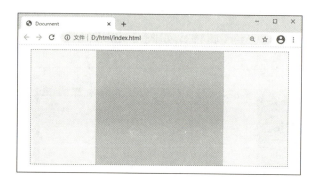

图 2-36

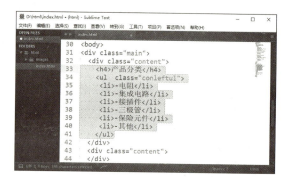

图 2-37

（7）浏览网页效果，如图 2-38 所示。

（8）在<style>标签内设置 h4｛color：#3cb7f6；margin－left：10px；｝．conleftul｛padding－left：20px；padding－right：20px；｝．conleftul li｛margin－top：5px；width：110px；height：25px；border－bottom：1px dashed #ccc；padding-left：10px｝样式属性，如图 2-39 所示。

图 2-38

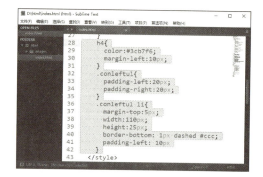

图 2-39

> ### 知识解读
>
> border-bottom:1px dashed #ccc;
>
> 　border-bottom 表示下边框，1px 为边框线宽度，dashed 表示虚线，#ccc 表示边框颜色。
>
> 　dashed 是一种边框样式，还可以选用其他边框样式。
>
> 例：
>
> border-style:dotted solid double dashed;
>
> 　dotted 表示点状线，solid 表示实线，double 表示双线，dashed 表示虚线。

（9）浏览网页效果，如图 2-31 所示。

任务 5 产品展示

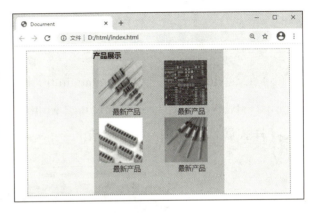

图 2-40

【任务描述】

完成"产品展示"效果设计，如图 2-40 所示。

（1）页面划分左、中、右 3 栏，设置适当背景色、宽度和高度。

（2）在中间显示 4 个产品图和产品名称。

【实现步骤】

（1）在<body>标签内输入<div class="main"></div>标签，在其中创建 3 个<div class="content"></div>标签，如图 2-41 所示。

操作视频

（2）在<style>标签内设置.main{width:600px;height:320px;background-color:#f1f6f9;margin:10px auto;display:flex;border:1px dashed #666;}样式属性，设置.content:nth-child(1){width:25%;height:100%;}、.content:nth-child(2){width:50%;height:100%;background-color:#8cfdff;}、.content:nth-child(3){width:25%;height:100%;}样式属性，如图 2-42 所示。

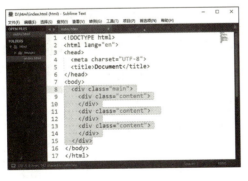

图 2-41

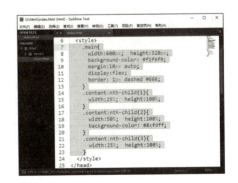

图 2-42

（3）浏览网页效果，如图 2-43 所示。

（4）在<body>标签内添加<h4>产品分类</h4>标签，添加<ul class="conmidul"></ul>，在<ul class="conmidul"></ul>中添加<li> <img src="images/t1.jpg"><span>最新产品</span> </li>等标签，如图 2-44 所示。

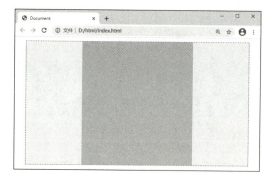

图 2-43

图 2-44

（5）在<style>标签内设置.conmidul{display:flex;flex-wrap:wrap;justify-content:space-around;list-style:none;}.conmidul img{width:100px;height:100px;border:2px solid #fc0;display:block;}样式属性，如图 2-45 所示。

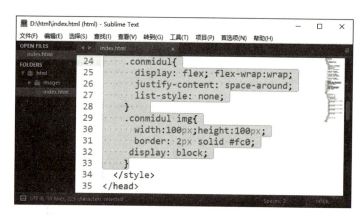

图 2-45

知识解读

• flex-wrap

display:flex;/*采用 Flex 布局的元素,称为 Flex 容器(flex container),简称"容器"。它的所有子元素自动成为容器成员,称为 Flex 项目(flex item),简称"项目"。*/

flex-wrap:wrap;/*多个子元素排列超过父容器的总宽度时,nowrap(默认)表示不换行,wrap 表示换行。*/

（6）浏览网页效果，如图 2-46 所示。

（7）在<style>标签内设置.conmidul span{display:block;width:130px;text-align:center;} *{margin:0;padding:0;}样式属性，如图 2-47 所示。

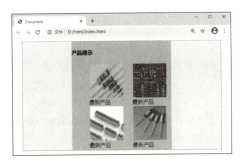
图 2-46

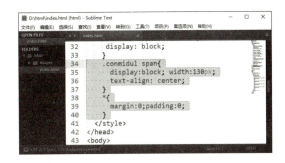
图 2-47

> 知识解读
>
> ● display:block 应用于 span 标签
>
> block 元素将显示为块级元素，即元素前后会带有换行符，一般呈现为独占一行。
>
> 例：
>
> .conmidul span{
>
> display:block;//设置为块级元素
>
> width:130px;}//宽度为 130px;
>
> <span>标签默认属于行内元素（inline），设置高度或宽度是无效的；如果需要改变宽度高度，常用的方法是，将其转变为块级元素（block）或行内块级元素（inline-block）。

（8）浏览网页效果，如图 2-40 所示。

任务 6　业务咨询信息

【任务描述】

完成"业务咨询信息"效果设计，如图 2-48 所示。

（1）页面划分左、中、右 3 栏，设置适当背景色、宽度和高度。

（2）在右侧显示"在线咨询""联系地址"等业务咨询信息。

图 2-48

【实现步骤】

(1)在<body>标签内输入<div class="main"></div>标签,在其中创建3个<div class="content"></div>标签,如图2-49所示。

(2)在第三个<div class="content"></div>标签内加一个<ul class="conRightul">标签,标签内添加多个<li>标签显示需要的信息,如图2-50所示。

图 2-49　　　　　　　　　　图 2-50

(3)在<style>标签内设置.main{width:600px;height:320px;background-color:#f1f6f9;margin:10px auto;display:flex;border:1px dashed #666;}样式属性,设置.content:nth-child(1){width:25%;height:100%;}.content:nth-child(2){width:50%;height:100%;background-color:#8cfdff;}.content:nth-child(3){width:25%;height:100%;}样式属性,如图2-51所示。

(4)浏览网页效果,如图2-52所示。

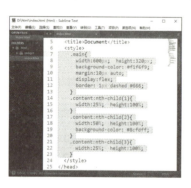 

图 2-51　　　　　　　　　　图 2-52

(5)在<style>标签内设置h4{font-weight:bold;color:#3cb7f6;margin-left:10px;} .conRightul li{margin-top:20px;} .conRightul li span{display:block;margin-left:10px;}样式属性,如图2-53所示。

(6)浏览网页效果,如图2-48所示。

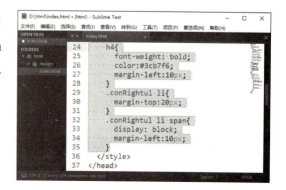

图 2-53

任务 7　底部版权信息

【任务描述】

完成"底部版权信息"展示效果设计,如图 2-54 所示。

(1)采用项目列表的形式展示一些版权信息或其他备案相关信息。

(2)每项信息前设置项目符号。

(3)所有信息上方设置一条水平边框线。

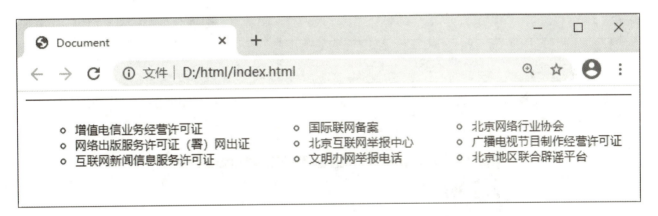

图 2-54

【实现步骤】

操作视频

(1)在<body>标签内创建<div class="foot"></div>标签,如图 2-55 所示。

(2)在<style>标签内设置 .foot{padding-top:10px;border-top:1px solid black; display:flex;justify-content:space-around;font-size:12px;}样式属性,如图 2-56 所示。

图 2-55

图 2-56

> **知识解读**
>
> • justify-content:space-around
>
> justify-content:space-between;/*空白留在子元素之间。*/
>
> justify-content:space-around;/*空白留在子元素周围,一般呈现效果是左边和右边都留空白。*/

(3)浏览网页效果,如图2-57所示。

(4)在<div class="foot"></div>标签中用多个<ul>标签显示信息内容,如图2-58所示。

图 2-57

图 2-58

(5)在<style>标签内设置 .foot ul{list-style:circle;}样式属性,如图2-59所示。

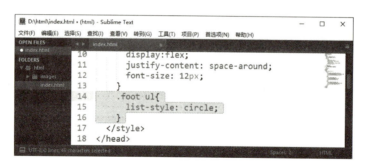

图 2-59

(6)浏览网页效果,如图2-54所示。

【项目总结】

本项目以实现一个公司网站首页的部分效果设计为学习目标,学习了网页布局、顶部 Logo、图像背景的导航、产品分类、产品展示、业务咨询信息、底部版权信息等任务的制作。讲述了在<body>标签中添加<div>、<img>、<ul>、<li>、<h4>等标签,在<style>标签中应用 padding、padding-left、padding-right、border-top、border-bottom、display、justify-content、margin、margin-top、nth-child 等属性的方法。

【拓展与提高】

任务1

 【任务描述】

完成带交互效果的图像背景的导航效果的设计,如图 2-60 所示。

图 2-60

(1)在页面顶部设置一个区域,设置背景色,设置适当的宽度和高度。

(2)创建菜单栏,设置背景图。

(3)设置"首页""公司简介""产品中心"等菜单项。

(4)"首页"设置不同的背景颜色。

(5)鼠标指针在菜单项移动时,当前菜单项显示不同的背景色且鼠标指针图标为手形,当鼠标指针离开当前菜单项时,菜单项背景色还原。

提示代码: 设置当前菜单项的背景色、前景色和鼠标指针形状。

```
ul li:hover{
  background-color:#ff0;
  color:black;
  cursor:pointer;
}
```

知识解读

- cursor:pointer

cursor 属性定义鼠标指针放在一个元素边界范围内时所用的鼠标指针形状。

cursor:crosshair;//鼠标指针呈现为十字形

cursor:pointer;//鼠标指针呈现为手形

cursor:wait;//此鼠标指针呈现为沙漏或表

任务 2

【任务描述】

在页面右侧完成"产品分类"栏目的定位显示效果,如图 2-61 所示。

(1)页面划分左、中、右 3 栏,设置适当背景色、宽度和高度。

(2)右侧显示产品分类内容,设置自定义的前景色、背景色、下边框线。

图 2-61

任务 3

【任务描述】

完成类似"底部版权信息"展示效果设计,如图 2-62 所示。

(1)采用项目列表的形式展示一些信息。

(2)将自定义的图像设置为每项信息前的项目符号。

(3)所有信息上方设置一条边框线。

  提示代码:设置 ul 组件的项目图标为指定的图像。

```
.foot ul{
  list-style-image:url("images/ico.png");
}。
```

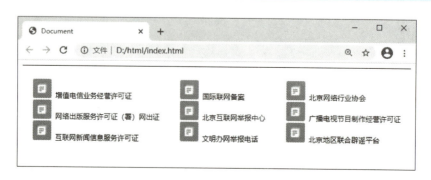

图 2-62

PROJECT 3 项目 ③

学校网站项目

项目概述

本项目根据学校网站的常见功能，整理了一些任务，包括渐变色文本、滚动公告、校园风采、学校简讯、校讯简报、轮播特效、轮播指示点、图片轮播等方面的应用。

【知识准备】

1. overflow

overflow 属性规定当内容溢出元素框时发生的事情。

例：

```
overflow:visible;//溢出元素框的内容不会被修剪,会呈现在元素框之外
overflow:hidden;//溢出元素框的内容会被修剪且不可见
overflow:scroll;//显示滚动条,可查看溢出元素框的内容
overflow:inherit;//从父元素继承 overflow 属性的值
```

2. animation

animation 用于定义动画，可设置六个动画属性：

- animation-name 规定需要绑定到选择器的 keyframe 名称。
- animation-duration 规定完成动画所花费的时间，以秒或毫秒计。
- animation-timing-function 规定动画的速度曲线。
- animation-delay 规定在动画开始之前的延迟时间。
- animation-iteration-count 规定动画应该播放的次数。
- animation-direction 规定是否应该轮流反向播放动画。

例：

```
animation:run 6s infinite;
```

这是一种简写形式，run 是动画名称，6s 是完成动画所花费的时间为 6 秒，infinite 规定动画应该无限次播放。

3. @keyframes

@keyframes 表示通过@keyframes 规则创建动画。创建动画的原理是，在规定的时间内，将元素的 CSS 样式逐渐变化为另一种样式。

可以用百分比来表示改变发生的时间点，0% 表示动画的开始时间，100% 表示动画的结束时间，也可以用 from 表示动画的开始时间，to 表示动画的结束时间。

例：

```
@ keyframes run{
  0% {
    left:0;
  }
  100% {
    left:-610px;
  }
}
```

动画名称为 run。动画开始时，元素的 left 值为 0；动画结束时，元素的 left 值为 -610px。

任务 1　渐变色文本

【任务描述】

完成学校网站中登录信息和校名的效果设计，如图 3-1 所示。
（1）实现用户名、密码和登录、收藏本站的内容设计；背景设置渐变色效果，高度适当。
（2）学校名字实现渐变色文本效果。
（3）栏目高度适当，设置背景色为渐变色。

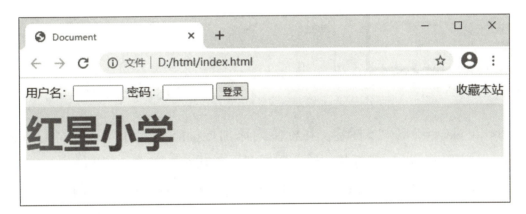

图 3-1

【实现步骤】

（1）在 \<body> 中添加 \<div class="top"> 标签，在标签内根据需要添加 \<input type="text"> 标签、\<button> 标签和 \<div> 标签，输入显示的内容，如图 3-2 所示。

图 3-2

> **知识解读**
>
> • \<button\>标签
>
> \<button\>标签定义一个按钮。
>
> 在\<button\>元素内部，可以放置内容，如文本或图像。这是\<button\>标签与\<input\>标签创建的按钮的不同之处。
>
> 与\<input type="button"\>相比，\<button\>控件提供了更为强大的功能和更丰富的内容。

（2）设置 .top｛height：30px；background-image：linear-gradient（#FEFEFE，#E3F5FF）；display：flex；justify-content：space-between；｝ input｛width：60px；｝样式属性，如图3-3所示。

（3）浏览网页的效果，如图3-4所示。

图 3-3

图 3-4

（4）添加\<div class="logo"\>标签，在标签内添加\<span\>红星小学\</span\>、\<div class="topR"\>和\<img src="" alt=""\>等标签，输入需要显示的内容，如图3-5所示。

（5）设置 .logo｛height：70px；background-image：linear-gradient（#CDF2FF，#E3F5FF）；display：flex；justify-content：space-between；｝.logo span｛font-size：50px；font-weight：bold；background：linear-gradient(to right，red，blue）；-webkit-background-clip：text；color：transparent；｝等样式属性，如图3-6所示。

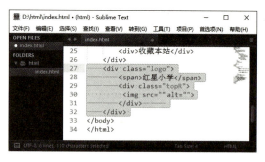

图 3-5

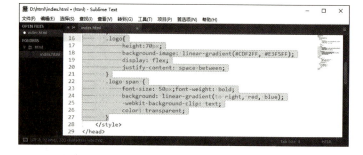

图 3-6

> **知识解读**
>
> • -webkit-background-clip:text
>
> 以区块内的文字作为裁剪区域向外裁剪，文字的背景即为区块的背景，文字之外的区域都将被裁剪掉。

(6)浏览网页的效果，如图 3-1 所示。

任务 2　滚动公告

【任务描述】

完成学校"通知公告"的效果设计，如图 3-7 所示。

(1)设置通知栏，指定适当的大小、边框大小、边框颜色与背景色。

(2)控制多行通知内容，实现循环向上滚动的效果。

图 3-7

【实现步骤】

(1)在<body>中添加<div class="marquee">标签，在标签内添加一个<div>标签，在<div>标签内添加多个<p>标签显示多段文本内容，如图 3-8 所示。

(2)在<style>标签中设置 .marquee{height:150px;width:200px;background-color:#ccc;box-shadow:10px 10px 5px #888;position:relative;margin-top:20px;overflow:hidden;padding:25px;border:10px solid #0ff;}样式属性，如图 3-9 所示。

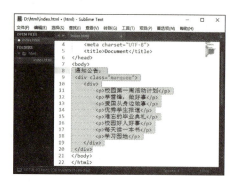

图 3-8

图 3-9

（3）在<style>标签中设置 .marquee div{display:block;width:200px;text-align:center;position:absolute;animation:marquee 15s linear infinite;background-color:#eee;}样式属性，如图 3-10 所示。

图 3-10

> **知识解读**
>
> • animation 动画属性
>
> 例：
>
> `animation:marquee 15s linear infinite;`
>
> marquee 是动画名称，由@keyframes marquee{}进行定义；15s 指完成动画所花费的时间为 15 秒；linear 规定动画从头到尾的速度相同，infinite 规定动画应该无限次播放。

（4）在<style>标签中设置@keyframes marquee{0%{transform:translateY(150px);}100%{transform:translateY(-350px);}}样式属性，如图 3-11 所示。

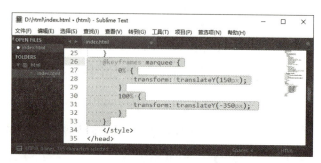

图 3-11

> **知识解读**
>
> ● @keyframes
>
> @keyframes 是 CSS3 的一种规则,可以用来定义 CSS 动画的一个周期的行为,可以创建简单的动画。
>
> 例:
> ```
> @ keyframes marquee {
>   0% {
>     transform:translateY(150px);
>   }
>   100% {
>     transform:translateY(-350px);
>   }
> }
> ```
>
> 定义的动画名称为 marquee,动画开始时元素的 transform 值为 translateY(150px),动画结束时元素的 transform 值为 translateY(-350px),实现的效果是元素在垂直方向向上移动。

(5)浏览网页的效果,如图 3-7 所示。

任务 3　校园风采

【任务描述】

完成"校园风采"的效果设计,如图 3-12 所示。

(1)设置标题栏,指定适当的大小、文本前景色与背景色。

(2)展示一行 4 张共两行的图像展示。

(3)每张图上显示序号文本或图像标题。

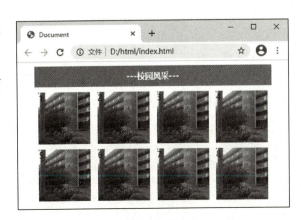

图 3-12

【实现步骤】

（1）在<body>中添加<div class="tit">---校园风采---</div>标签，添加一个<div class="box">标签，在<div class="box">标签内添加<div class="vimg">1</div>、<div class="vimg">2</div>等8个标签，如图3-13所示。

（2）在<style>标签中设置.tit{height:40px;background-color:#88f;color:white;line-height:40px;text-align:center;font-weight:bolder;width:90%;margin:0 auto;}样式属性，如图3-14所示。

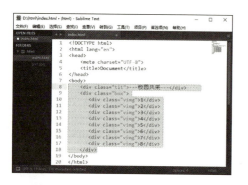

图3-13

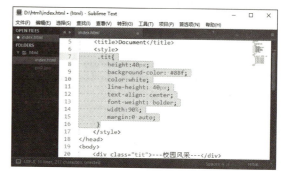

图3-14

（3）浏览网页的效果，如图3-15所示。

（4）在<style>标签中设置.box{display:flex;justify-content:space-around;flex-wrap:wrap;width:90%;margin:5px auto;border-bottom:1px solid black;}样式属性，如图3-16所示。

图3-15

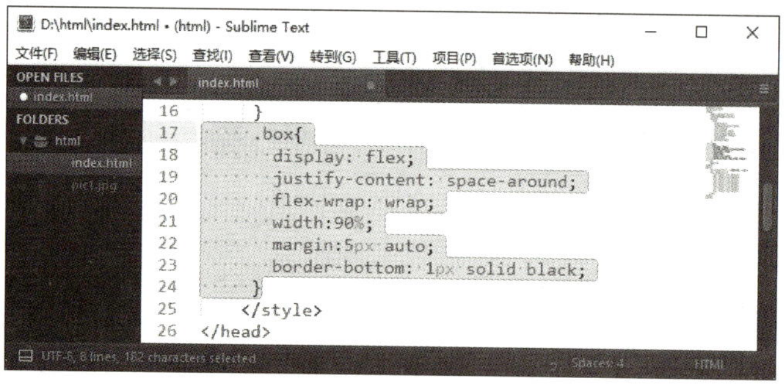

图3-16

（5）浏览网页的效果，如图3-17所示。

（6）在<style>标签中设置.box .vimg{width:22%;height:100px;background-color:#88f;margin:5px;background:url("pic1.jpg") no-repeat;background-size:100% 100%;}样式属性，如图3-18所示。

图 3-17

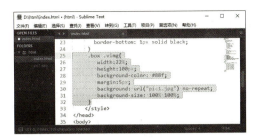

图 3-18

知识解读

- background-size

例：

background-size:100px 200px;//设置背景图像的高度和宽度

background-size:100% 100% ;//以父元素的百分比来设置背景图像的宽度和高度

background-size:cover;/*把背景图像扩展至足够大,以使背景图像完全覆盖背景区域*/

background-size:contain;/*把背景图像扩展至最大尺寸,以使其宽度和高度完全适应内容区域*/

（7）浏览网页的效果，如图 3-12 所示。

任务 4　学校简讯

【任务描述】

完成"学校简讯"的效果设计，如图 3-19 所示。

（1）划分区域，左上角和右上角为圆角。

（2）标题栏显示"学校简讯"和"更多"，背景色为渐变色效果。

（3）展示多行简讯内容，超过显示区域宽度显示"…"。

（4）每行简讯内容前显示项目符号。

图 3-19

【实现步骤】

(1)在<body>中添加<div class="tit"><span>学校简讯</span><span>更多</span></div>标签，添加一个<ul>标签，在<ul>标签内添加<li>创美育人，诗意校园，科学的教学改革促发展</li>、<li>创美育人，诗意校园，教学改革促发展</li>等6个标签，如图3-20所示。

(2)浏览网页的效果，如图3-21所示。

图3-20

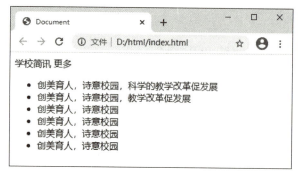

图3-21

(3)在<style>标签中设置 *｛margin:0;padding:0;box-sizing:border-box;padding-left:10px;｝样式属性，设置 .tit｛padding-top:5px;height:40px;width:300px;background-image:linear-gradient(#F6FDFF, #A6DDF4);border:1px solid #4EBAE9;padding-left:10px;border-radius:10px 10px 0 0;position:relative;｝样式属性，如图3-22所示。

(4)浏览网页的效果，如图3-23所示。

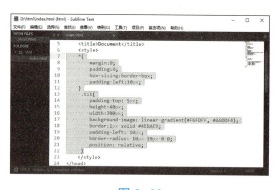

图3-22

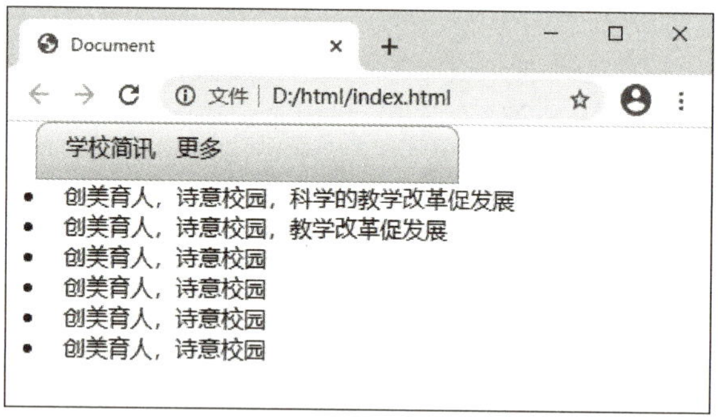

图3-23

(5)在<style>标签中设置 .tit span:nth-child(1)｛padding-left:0;display:inline-block;border-radius:10px 10px 0 0;border:1px solid #4EBAE9;border-bottom:0;width:100px;height:35px;line-height:35px;text-align:center;background-color:red;background-image:linear-gradient(#A6DDF4,#F6FDFF);｝样式属性，设置 .tit span:nth-child(2)｛position:absolute;right:10px;top:15px;｝样式属性，如图3-24所示。

(6)浏览网页的效果，如图3-25所示。

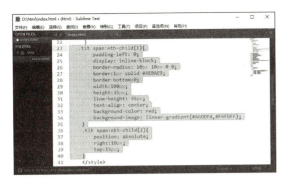

图 3-24

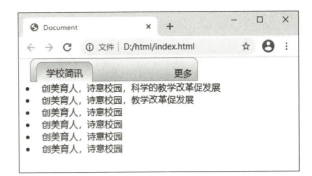

图 3-25

（7）在<style>标签中设置 ul{border:1px solid #4EBAE9;width:300px;list-style-type:square;list-style-position:inside;}样式属性，设置 ul li{width:280px;overflow:hidden;white-space:nowrap;text-overflow:ellipsis;}样式属性，如图 3-26 所示。

图 3-26

知识解读

- list-style-type

list-style-type 属性设置列表项标记的类型。

例：

list-style-type:square;//标记是实心方块

list-style-type:none;//无标记

list-style-type:disc;//标记是实心圆

list-style-type:circle;//标记是空心圆

- list-style-position

list-style-position 规定列表中列表项目标记的位置。

list-style-position:inside;//列表项目标记放置在文本以内

list-style-position:outside;// 列表项标记位于文本的左侧

list-style-position:inherit;//规定应该从父元素继承 list-style-position 属性值

（8）浏览网页的效果，如图 3-19 所示。

任务 5　校讯简报

【任务描述】

完成"校讯简报"的效果设计，如图 3-27 所示。

（1）标题栏显示"校讯简报"和"更多"，下边框线为虚线。

（2）"校讯简报"背景设置特殊效果形状。

（3）显示多行简讯内容，超过显示区域宽度显示"…"，每行简讯设置圆形非黑色项目符号。

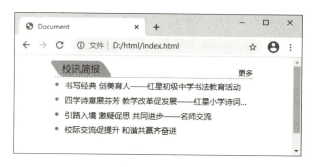

图 3-27

【实现步骤】

（1）在\<body>中添加一个\<div class="body">\</div>，在\<div class="body">\</div>中添加\<div class="header">\<div class="h1">\校讯简报\\</div>\<div class="hr">更多\</div>\</div>\</div>标签，添加\<div class="ul">\</div>标签，添加\<div class="lis">\<h2>·\</h2>书写经典 创美育人——红星初级中学书法教育活动教育活动\</div>等 4 个标签，如图 3-28 所示。

（2）在\<style>标签中设置 *｛margin:0;padding:0;｝样式属性，设置.body｛margin:10px auto;height:200px;width:400px;｝样式属性，如图 3-29 所示。

图 3-28

图 3-29

（3）在<style>标签中设置.header{display:flex;justify-content:space-between;width:95%;height:30px;line-height:30px;border-bottom:1px dashed #686868;margin:0 auto;}样式属性，设置.hl{height:30px;width:100px;background-color:#4BE158;transform:skew(35deg);border-radius:7px;text-align:center;}样式属性，如图3-30所示。

图3-30

> **知识解读**
>
> ● transform
>
> transforms 设置元素的移动、旋转、缩放和倾斜等属性。
>
> 例：
>
> transform:skew(35deg,10deg); //沿 x 轴倾斜35°，同时沿 y 轴倾斜10°
>
> transform:skew(35deg); //沿 x 轴倾斜35°，沿 y 轴倾斜度没有设置，即沿 y 轴倾斜0°

（4）在<style>标签中设置.hl span{font-size:18px;transform:skew(-35deg);display:inline-block;}样式属性，设置.hr{font-size:14px;line-height:40px;}样式属性，设置.ul{width:95%;margin:0 auto;font-size:15px;}样式属性，如图3-31所示。

（5）在<style>标签中设置.lis{overflow:hidden;text-overflow:ellipsis;white-space:nowrap;height:28px;line-height:28px;}样式属性，设置h2{width:20px;height:22px;line-height:25px;display:inline-block;color:#1A95CA;}样式属性，如图3-32所示。

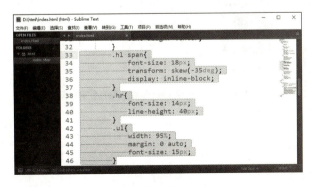

图3-31

图3-32

（6）浏览网页的效果，如图3-27所示。

任务 6　轮播特效

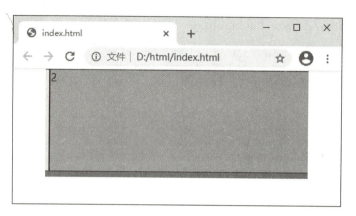

【任务描述】

完成"轮播特效"的效果设计，如图 3-33 所示。

（1）划分一定大小的区域作为轮播区，在区内添加 3 个元素，每个元素设置不同的背景色和文本内容。

（2）实现元素从左向右轮播特效。

图 3-33

【实现步骤】

（1）在\<body\>中添加一个\<div class="box"\>\</div\>标签，在\<div class="box"\>\</div\>标签内添加一个\<ul\>标签，在\<ul\>标签中添加\<li class="item1"\>1\</li\>、\<li class="item2"\>2\</li\>等 4 个标签，如图 3-34 所示。

（2）在\<style\>标签中设置 *｛padding：0；margin：0；｝样式属性，设置 .box｛width：400px；height：160px；background：red；position：relative；margin：0 auto；overflow：hidden；｝样式属性，如图 3-35 所示。

操作视频

图 3-34

图 3-35

知识解读

- overflow

overflow 属性规定当内容溢出元素框时呈现的样式。

例：

overflow:hidden;//溢出元素框的内容会被修剪且不可见

（3）在<style>标签中设置 ul{width:1600px;list-style:none;display:flex;flex-wrap:nowrap;position:relative;animation:mymove 5s infinite;}样式属性，设置 ul li{width:400px;height:150px;background:green;border:1px solid black;}样式属性，如图 3-36 所示。

（4）在<style>标签中设置 .item1{background:#ff0;} .item2{background:#0f0;} .item3{background:#6f6;}等样式属性，设置@keyframes mymove {0%{left:0px;} 33%{left:-400px;} 66%{left:-800px;} 100%{left:-1200px;}}实现动画，如图 3-6-5 所示。

图 3-36

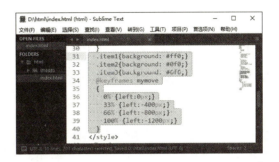

图 3-37

知识解读

- @keyframes 的应用

@keyframes mymove {

  0% {left:0px;}

  33% {left:-400px;}

  66% {left:-800px;}

  100% {left:-1200px;}

}

定义的动画名称为 mymove，动画开始时 left:0px，33%时 left:-400px，66%时 left:-800px，动画结束时 left:-1200px。本案例第23行代码"animation:mymove 5s infinite;"中，5s 设置 mymove 动画的用时是 5 秒，infinite 设置动画次数为无限次，结合动画名称 mymove 可呈现轮播的特效。

（5）浏览网页的效果，如图 3-33 所示。

任务 7　轮播指示点

【任务描述】

完成"轮播指示点"的动画效果设计，如图 3-38 所示。

（1）在指定区域内容设置 5 个元素，元素大小适当，序号合理。

（2）指示点从最左边开始，依次向右覆盖显示于元素上，实现指示点的轮播效果。

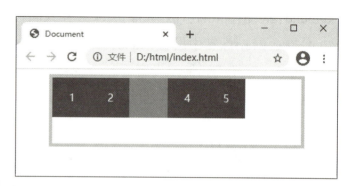

图 3-38

【实现步骤】

（1）在<body>中添加一个<div class="banner"></div>标签，在<div class="banner"></div>标签内添加一个<div class="active"></div>标签，添加<div class="nli">1</div>、<div class="nli">2</div>等 5 个标签，如图 3-39 所示。

（2）在<style>标签中设置.banner{width:80%;margin:5px auto;height:100px;border:5px solid #82F5FF;position:relative;}样式属性，设置.num-li{position:absolute;top:0;left:0;height:60px;width:300px;display:flex;}样式属性，如图 3-40 所示。

图 3-39

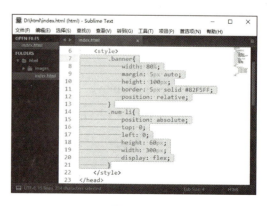

图 3-40

（3）浏览网页的效果，如图 3-41 所示。

（4）在<style>标签中设置.nli{background-color:blue;width:60px;height:60px;color:white;

text-align：center；line-height：60px；}样式属性，设置 .active{width：60px；height：60px；line-height：60px；background-color：#ff6600；position：absolute；left：0；animation：lnum 8s stTIF（1，end）infinite；}样式属性，如图 3-42 所示。

图 3-41

图 3-42

> **知识解读**
>
> • animation 的应用
>
> `animation:lnum 8s stTIF(1, end) infinite;`
>
> lnum 定义动画名称，8s 设置了动画 lnum 总用时，stTIF（1，end）表示动画分成 1 段，infinite 设置动画次数为无限次。

（5）在<style>标签中设置@ keyframes lnum{0%{left：0px；}20%{left：60px；}40%{left：120px；}60%{left：180px；}80%{left：240px；}100%{left：0px；}}样式属性，如图 3-43 所示。

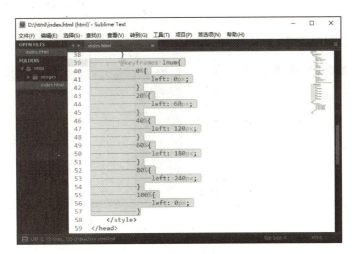

图 3-43

（6）浏览网页的效果，如图 3-38 所示。

任务 8 图片轮播

【任务描述】

完成"图片轮播"的动画效果设计,如图 3-44 所示。

(1)划分一定大小的区域作为轮播区,在区内添加多张图片。

(2)实现图片从左向右切换的轮播。

图 3-44

【实现步骤】

(1)在<body>中添加一个<div class="box"></div>标签,在<div class="box"></div>标签内添加一个<ul></ul>标签,在<ul></ul>标签内添加<li class="item"><img src="images/pic1.jpg" alt=""></li>等 5 组标签作为轮播元素,如图 3-45 所示。

(2)在<style>标签中设置 *{padding:0;margin:0;}样式属性,设置 .box{width:200px;height:200px;background:red;position:relative;margin:0 auto;overflow:hidden;}样式属性,如图 3-46 所示。

操作视频

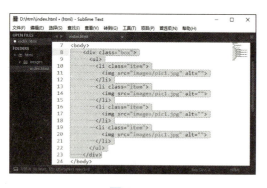

图 3-45

图 3-46

(3)在<style>标签中设置 ul{width:800px;list-style:none;display:flex;flex-wrap:nowrap;position:relative;animation:mymove 5s infinite;}样式属性,设置 ul li{width:200px;height:200px;background:green;border:1px solid black;}样式属性,如图 3-47 所示。

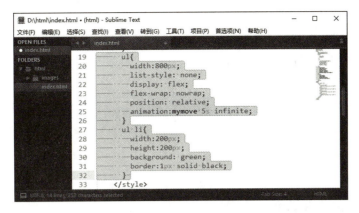

图 3-47

> 知识解读
>
> • animation 在 ul 标签的应用
>
> ul{animation:mymove 5s infinite;}
>
> // animation 作为 ul 元素的属性，mymove 动画的对象就是 ul 元素
>
> ul 标签内设置了多个 li 标签，li 标签又设置了显示的图片，结合 animation 的属性设置，可实现多张图片轮播的效果。

（4）在<style>标签中设置 .item img{width:100%;height:100%;}样式属性，设置@ keyframes mymove{0% {left:0px;} 33% {left:-200px;} 66% {left:-400px;} 100% {left:-600px;}}，创建动画，如图 3-48 所示。

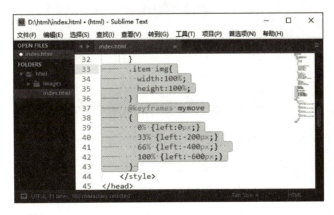

图 3-48

（5）浏览网页的效果，如图 3-44 所示。

【项目总结】

本项目在实现渐变色文本、滚动公告、校园风采、学校简讯、校讯简报、轮播特效、轮播指示点、图片轮播等方面的应用过程，讲述了<input>、<p>、<span>、</div>、<ul>、<li>、

<img>等标签的应用，讲述了 font-size、linear-gradient、-webkit-background-clip、position、animation、transform、background、background-size、padding-left、border-radius、white-space、overflow、text-overflow 等样式属性的应用。

任务 1

【任务描述】

完成"带序号简报"的效果设计，如图 3-49 所示。

(1) 标题栏显示"校讯简报"和"更多"，下边框线为虚线。

(2) "校讯简报"背景设置特殊效果形状。

(3) 显示多行简报内容，超过显示区域宽度显示"…"，每行简报设置自定义的项目符号。

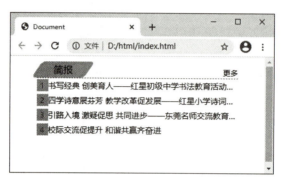

图 3-49

任务 2

【任务描述】

完成"圆形轮播指示点"的动画效果设计，如图 3-50 所示。

(1) 在指定区域内容设置 5 个圆形元素，元素大小适当，序号合理。

(2) 指示点设置不同的文本内容和背景色。

(3) 指示点从最左边开始，依次向右覆盖显示于元素上，实现指示点的轮播效果。

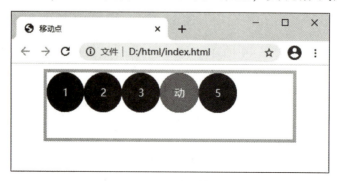

图 3-50

任务3

【任务描述】

完成"图片轮播"的动画效果设计，如图3-51所示。

（1）划分一定大小的区域作为轮播区，在区内添加5张图片。

（2）实现图片从左向右切换的轮播。

（3）图片轮播过程中，轮播区右下角显示对应的轮播指示点。

图3-51

PROJECT 4 项目 4

电商网站项目

项目概述

本项目根据电子商务网站的应用特点,整理了一些常见功能任务。本项目选择的任务包括排行标志、打折展示、商品滚播、优惠券、用户信息、销售计划进度、业绩统计表、查看大图、用户登录、精选热点等方面的应用。

【知识准备】

1. transform

transform 设置元素的移动、旋转、缩放和倾斜等属性。

例：

```
transform:translate(50px,100px);//元素位置向右移动50像素,向下移动100像素
transform:rotate(20deg);//元素顺时针旋转20°
transform:rotate(-20deg);//元素逆时针旋转20°
transform:scale(2,3);//元素宽度增大为原值的两倍,高度增大为原值的3倍
transform:scale(0.5,0.5);//元素宽度减小为原值的一半,高度减小为原值的一半
transform:scaleX(2);//元素宽度增大两倍
transform:scaleX(0.5);//元素宽度缩小一半
transform:scaleY(2);//元素高度增大两倍
transform:scaleY(0.5);//元素高度缩小一半
transform:skewX(35deg);//元素沿x轴倾斜35°
transform:skewY(35deg);//元素沿y轴倾斜35°
```

2. text-decoration

text-decoration 属性规定添加到文本的修饰。

例：

```
text-decoration:underline;//下画线
text-decoration:overline;//顶画线
text-decoration:line-through;//删除线
```

3. transform-origin

transform-origin 设置被转换元素的旋转中心点

例：

```
transform-origin:0% 50%;//中心点在水平方向0位置,垂直方向50%位置
transform:rotate(0.7turn);//绕设置的中心点旋转0.7圈
```

任务 1　排行标志

【任务描述】

设计一个排行标志，如图 4-1 所示。

（1）标志由背景形状和文字组成。

（2）背景形状包括 3 部分：左上角的三角形、右下角的三角形、底部的白色三角形；白色三角形层次靠前；各部分颜色适当。

（3）标志文字字体加粗，文本颜色适当。

图 4-1

【实现步骤】

操作视频

（1）在<body>中添加<div class="tp">标签，在标签内根据需要添加<div class="tptxt">TOP</div>标签、<div class="tpnum">01</div>标签和<div class="t3"></div>标签，如图 4-2 所示。

（2）设置 .tp{margin:10px auto;width:0px;height:0px;border-style:solid;border-width:50px 40px 50px 40px;border-color:#FAD17E #F3B639 #F3B639 #FAD17E;position:relative;}样式属性，设置 .tptxt{color:#C0860C;font-weight:bold;font-size:30px;position:absolute;left:-30px;top:-45px;}样式属性，如图 4-3 所示。

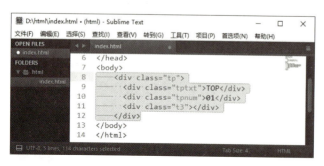

图 4-2

图 4-3

> **知识解读**
>
> • border-width
>
> border-width 为元素的所有边框设置宽度，或者单独地为各边框设置宽度。
>
> 例：
>
> border-width:10px 1px;//上下边框宽度为10px,左右边框宽度为1px
>
> border-width:1px 2px 3px 4px;/*上边框宽度为1px,右边框宽度为1px,下边框宽度为3px,左边框宽度为4px*/

（3）浏览网页的效果，如图4-4所示。

（4）设置.tpnum{color:#fff；font-weight:bold；font-size:30px；position:absolute；left:-15px；top:-15px；}样式属性，如图4-5所示。

图 4-4

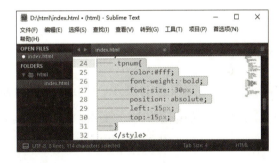
图 4-5

（5）浏览网页的效果，如图4-6所示。

（6）设置.t3{border-style:solid;border-width:0px 40px 30px 40px;border-color:transparent transparent white transparent;width:0px;height:0px;position:absolute;bottom:-50px;left:-40px;}样式属性，如图4-7所示。

图 4-6

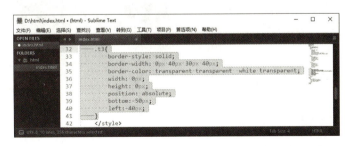
图 4-7

> **知识解读**
>
> • border-color
>
> border-color 属性设置4条边框的颜色。

> 例:
> border-color:red green;//上、下边框颜色为红色,左、右边框颜色为绿色
> border-color:transparent transparent white transparent;/*上边框、右边框透明,下边框白色,左边框透明*/

(7)浏览网页的效果,如图4所示。

任务2 打折展示

【任务描述】

实现商品打折信息的展示,如图4-8所示。

(1)商品信息包括序号、商品图、商品名称、原价格、折后的价格。

(2)原价格设置删除线效果,折后价前景色为红色,文字加粗。

(3)鼠标光标移动到商品图上,商品信息边框为红色。

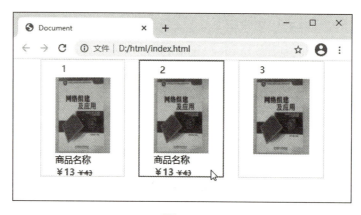

图4-8

【实现步骤】

(1)在<body>中添加<div class="box"></div>标签;在标签内添加多个<div class="gd"></div>标签;在<div class="gd"></div>标签内根据需要添加<span>标签,显示序号、商品图、名称、价格等,如图4-9所示。

(2)设置 *{margin:0;padding:0;box-sizing:border-box;}样式属性,设置.box{display:flex;justify-content:space-between;width:500px;margin:0 auto;}样式属性,设置.gd{width:

操作视频

30%;height:200px;padding:0 25px 0 25px;border:1px solid #ddd;}样式属性,如图4-10所示。

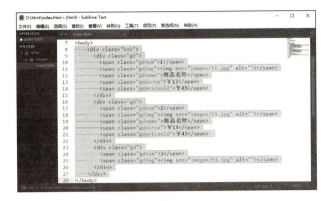
图4-9

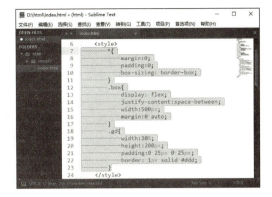
图4-10

(3)设置.gdimg{display:block;width:100%;height:65%;margin:0 auto;text-align:center;}样式属性,设置.gdimg img{width:100%;height:100%;}样式属性,如图4-11所示。

(4)浏览网页的效果,如图4-12所示。

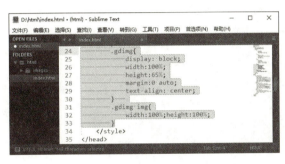
图4-11

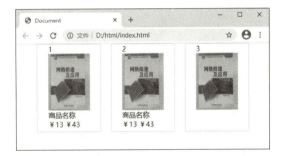
图4-12

(5)设置.gdname{display:block;}样式属性,设置.gdpirce{font-weight:bold;color:red;}样式属性,设置.gdpriceold{text-decoration:line-through;font-size:10px;}样式属性,设置.gd:hover{border:2px solid red;}样式属性,如图4-13所示。

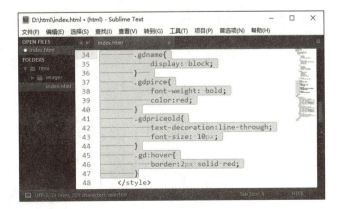
图4-13

> **知识解读**
>
> • text-decoration
>
> text-decoration 属性规定添加到文本的修饰。
>
> 例：
>
> text-decoration:line-through;//删除线

(6)浏览网页的效果，如图4-14所示。

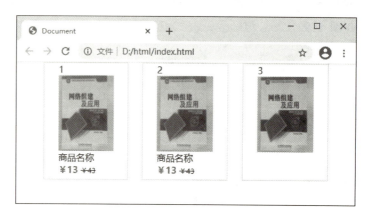

图4-14

任务3 商品滚播

【任务描述】

实现商品滚播的效果，如图4-15所示。

(1)顶部设置"商品滚播"标题行。

(2)商品信息包括商品图、标题。

(3)在信息区域设置边框，在边框内，商品信息从右向左滚动播放，循环执行。

图4-15

【实现步骤】

(1)在\<body>中添加\<div class="top">\<div class="toptxt">商品滚播\</div>\</div>标签作为标题；添加一个\<div class="box">标签，在\<div class="box">标签内添加一个\<ul>标签，在\<ul>标签内添加3个\<li>标签，在每个\<li>标签添加\<div class="

bimg">和<div class="btxt">标签，<div class="btxt">标签内显示商品标题，在<div class="bimg">标签内添加一个<img>标签用于显示商品图，如图4-16所示。

（2）复制已添加的3个<li>标签，粘贴后，添加到<ul>内，如图4-17所示。

图 4-16

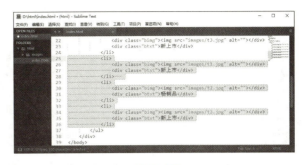

图 4-17

（3）设置 *{margin:0;padding:0;}样式属性，设置 img{height:100%;width:100%;}样式属性，设置 .top{width:400px;height:25px;border-bottom:1px solid rgb(56,91,147);margin:10px auto;}样式属性，设置 .toptxt{background-color:rgb(56,91,147);width:90px;height:25px;line-height:25px;font-size:15px;text-align:center;color:white;}样式属性，如图4-18所示。

（4）设置 .box{margin:0 auto;width:400px;height:220px;border:1px solid #35BDFF;position:relative;overflow:hidden;}样式属性，设置 .box ul{height:240px;width:1300px;list-style:none;position:absolute;left:0;flex-wrap:nowrap;animation:run 6s infinite;}样式属性，如图4-19所示。

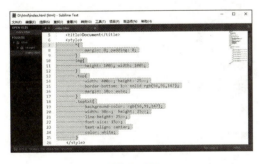

图 4-18

图 4-19

知识解读

- overflow:hidden

overflow 属性规定当内容溢出元素框时呈现的样式。

overflow:hidden;// 溢出元素框内容会被修剪而不可见

（5）设置 .box li{height:220px;width:200px;margin-top:10px;display:inline-block;}样式属性，设置 .bimg{height:180px;width:200px;}样式属性，设置 .btxt{height:40px;width:200px;margin:0 auto;text-align:center;line-height:30px;font-size:15px;}样式属性，如

图4-20所示。

（6）设置@keyframes run{0%{left:0;} 100%{left:-610px;}}样式属性，实现动画效果，如图4-21所示。

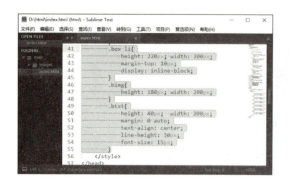

图4-20

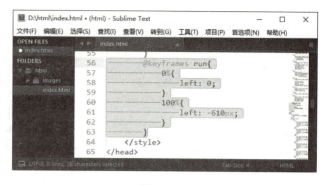

图4-21

知识解读

- animation:run 6s infinite

animation:run 6s infinite;/*run是动画名称,由@keyframes run{}进行定义;6s是完成动画所需的时间;infinite规定动画应该无限次播放。*/

- @keyframes

```
@keyframes run{
  0% {
    left:0;
  }
  100% {
    left:-610px;
  }
}
```

定义的动画名称为run，动画开始时left值为，动画结束时left值为-610px。结合本案例第39行代码"animation:run 6s infinite"，实现动画效果。

任务 4　优惠券

【任务描述】

设计一张优惠券，如图 4-22 所示。

（1）底纹由两部分组成，左上角为五边形，右下角为三角形，背景色适当。

（2）左边框设置齿形。

（3）适当的优惠券文本信息。

【实现步骤】

图 4-22

（1）在\<body\>中添加\<div class="tick"\>\</div\>标签，在\<div class="tick"\>\</div\>标签内，添加\<div class="tick1"\> \<span\>￥50.00\</span\> \</div\>标签和\<div class="tick2"\> \<span\>优惠券\</span\>\</div\>标签，如图 4-23 所示。

操作视频

（2）设置 .tick{width:350px;height:150px;position:relative;margin:0 auto;overflow:hidden;}样式属性，设置 .tick1{width:350px;height:150px;position:absolute;top:0;left:-10px;background:#F3B639;border-left:20px dotted white;}样式属性，如图 4-24 所示。

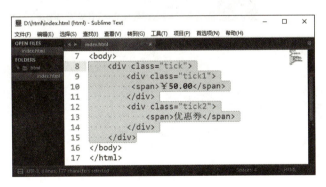

图 4-23

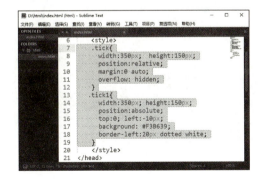

图 4-24

（3）浏览网页的效果，如图 4-25 所示。

（4）设置 .tick2{width:350px;height:150px;position:absolute;top:100px;left:100px;background-color:#FAD17E;transform:rotate(-30deg);}样式属性，如图 4-26 所示。

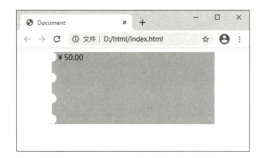

图 4-25

图 4-26

> 📢 **知识解读**
>
> • transform
>
> transform 属性将元素旋转、缩放、移动、倾斜等。
>
> 例：
>
> `transform:rotate(-30deg);//元素逆时针旋转30°`

（5）设置 .tick span{display:block;font-size:50px;color:green;font-weight:bolder;text-align:center;width:230px;position:relative;top:20px;} 样式属性，设置 .tick2 span{font-size:30px;transform:rotate(30deg);position:absolute;top:-30px;left:50px;} 样式属性，如图 4-27 所示。

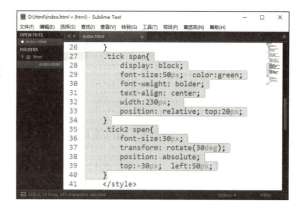

图 4-27

任务 5　用户信息

【任务描述】

设计用户信息展示的效果，如图 4-28 所示。

（1）展示用户头像。

（2）可选择地址。

（3）可选择性别。

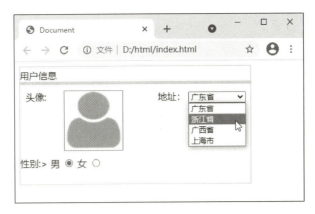

图 4-28

【实现步骤】

（1）在<body>中添加<div class="box"><div class="tit">用户信息</div></div>标签，在<style>标签内设置.box{width:400px；height:200px；border:1px solid #ccc；box-sizing:border-box；}样式属性，如图 4-29 所示。

操作视频

（2）浏览网页的效果，如图 4-30 所示。

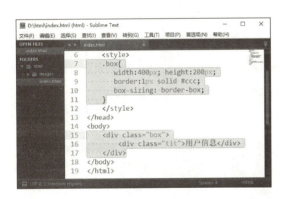

图 4-29

图 4-30

（3）在<body>中添加一个<div class="cont"></div>标签，在<div class="cont"></div>标签内添加<div class="headshow"><span>头像：</span><img src="images/head.png" alt=""></div>显示头像信息，添加<div class="address"><span>地址：</span><select><option value="广东省">广东省</option><option value="浙江省">浙江省</option><option value="广西省">广西省</option><option value="上海市">上海市</option></select></div>显示地址信息，如图 4-31 所示。

图 4-31

> **知识解读**
>
> - \<option\> 标签
>
> option 元素定义下拉列表中的一个选项(一个条目)。
>
> 例：
>
> \<select\>
>
>   \<option value ="1"\>广东\</option\>
>
>   \<option value ="2"\>浙江\</option\>
>
>   \<option value ="3"\>广西\</option\>
>
>   \<option value ="4"\>上海\</option\>
>
> \</select\>
>
> 此代码创建了带有 4 个选项的选择列表。
>
> option 元素必须位于 select 元素内部，\<option\> 标签中的内容作为 \<select\> 标签的菜单或滚动列表中的一个选项元素。option 元素须与 select 元素配合使用。

（4）浏览网页的效果，如图 4-32 所示。

（5）设置 .box .tit{border-bottom:5px solid #ccc;width:400px;height:30px;line-height:30px;box-sizing:border-box;}样式属性，设置 .cont{display:flex;justify-content:space-between;box-sizing:border-box;width:400px;padding:10px;}样式属性，如图 4-33 所示。

图 4-32　　　　　　　　　　　图 4-33

（6）浏览网页的效果，如图 4-34 所示。

（7）设置 .headshow{display:flex;}样式属性，设置 .headshow img{width:100px;height:100px;border:1px solid red;margin-left:30px;}样式属性，设置 .address select{width:100px;}样式属性，如图 4-35 所示。

图 4-34

图 4-35

（8）浏览网页的效果，如图 4-36 所示。

（9）在<body>添加<div class="mg"><span>性别：</span> <span>男</span><input id="gender1" type="radio" name="gender" checked><span>女</span><input id="gender2" type="radio" name="gender"></div>标签，如图 4-37 所示。

图 4-36

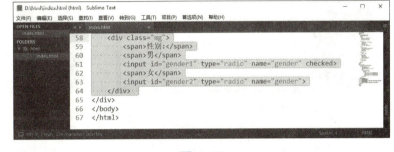

图 4-37

任务 6　销售计划进度

【任务描述】

用饼形图表示销售计划的完成进度，如图 4-38 所示。

（1）设置一个销售计划的表格。

（2）用饼形图表示完成进度。

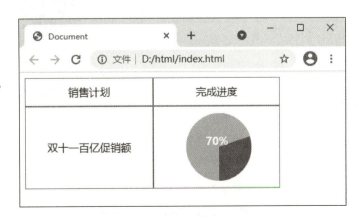

图 4-38

【实现步骤】

（1）在<body>中添加<div class="trowh"> <span>销售计划</span><span>完成进度</span></div>标签，添加<div class="trow"> <span class="trowtxt">双十一百亿促销额</span> <span> <div class="pie"></div> </span> </div>标签，在<style>标签内设置.trowh,.trow{display:flex;text-align:center;}样式属性，如图4-39所示。

（2）设置.trowh span{width:40%;height:40px;line-height:40px;border:1px solid red;}样式属性，设置.trow span{width:40%;border:1px solid red;height:120px;}样式属性，如图4-40所示。

图4-39

图4-40

（3）浏览网页的效果，如图4-41所示。

（4）设置.trowtxt{line-height:120px;}样式属性，设置.pie{margin-top:10px;margin-left:50px;width:100px;height:100px;border-radius:50%;background:yellowgreen;background-image:linear-gradient(to right,transparent 50%,#655 0);position:relative;}样式属性，如图4-42所示。

图4-41

图4-42

（5）浏览网页的效果，如图4-43所示。

（6）设置.pie::before {content:'';display:block;margin-left:50%;height:100%;border-radius:0 100% 100% 0/50%;background-color:inherit;transform-origin:0% 50%;transform:rotate(0.7turn);}样式属性，如图4-44所示。

图 4-43

图 4-44

> **知识解读**
>
> ● transform-origin
>
> transform-origin 设置被转换元素的旋转中心点。
>
> 例：
>
> transform-origin:0% 50% ;//中心点在水平方向0位置,纵方向50%位置
>
> transform:rotate(0.7turn);//绕设置的中心点旋转0.7圈

（7）浏览网页的效果，如图 4-45 所示。

（8）设置 .pie::after{content:' 70%';font-weight:bolder;color:white;position:absolute;top:30%;left:30%;}样式属性，如图 4-46 所示。

图 4-45

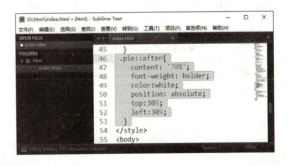
图 4-46

任务7 业绩统计表

【任务描述】

设计包含转化率、出货量、利润的业绩统计表，如图 4-47 所示。

（1）表头及各行的内容适当。

（2）设置表格奇数行与偶数行不同的样式。

（3）每行文本垂直居中。

图 4-47

【实现步骤】

（1）在<body>中添加<div class="box"></div>标签，在<div class="box"></div>标签内，添加<div class="trow"><span class="tcol"></span><span class="tcol">转化率</span><span class="tcol">出货量</span><span class="tcol">利润</span></div>标签显示表头信息，添加<div class="trow"><span class="tcol">一月</span><span class="tcol">30%</span><span class="tcol">345</span><span class="tcol">33万</span></div>标签，显示一月的信息，如图 4-48 所示。

（2）设置.box{width:400px;margin:0 auto;}样式属性，设置.trow{display:flex;justify-content:space-around;height:60px;line-height:60px;}样式属性，如图 4-49 所示。

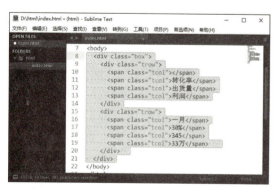

图 4-48

图 4-49

（3）浏览网页的效果，如图 4-50 所示。

（4）设置.trow:nth-child(1){font-weight:bolder;color:#70AD47;}样式属性，设置.box span{width:25%;text-align:center;}样式属性，如图 4-51 所示。

图 4-50

图 4-51

（5）设置.trow:nth-child(odd){background:#E2EFD9;}样式属性，设置.trow:nth-child(even){background:#70AD47;color:white;}样式属性，如图 4-52 所示。

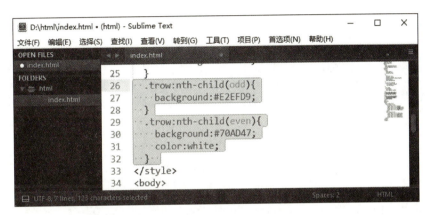

图 4-52

知识解读

- :nth-child(n)

:nth-child(n)选择器匹配属于其父元素的第 n 个子元素。

:nth-child(odd)选择器匹配下标是奇数的子元素。

:nth-child(even)选择器匹配下标是偶数的子元素。

（6）浏览网页的效果，如图 4-53 所示。

（7）在<body>中添加<div class="trow"><span class="tcol">二月</span><span class="tcol">30%</span><span class="tcol">244</span><span class="tcol">23万</span></div>标签，显示二月的信息，添加<div class="trow"><span class="tcol">三月</span><span class="tcol">30%</span><span class="tcol">366</span><span class="tcol">35万</span></div>标签，显示三月的信息，如图 4-54 所示。

图 4-53

图 4-54

任务 8　查看大图

【任务描述】

实现鼠标指针指向小图时显示大图的功能，如图 4-55 所示。

（1）底部有 3 张小图。

（2）鼠标指针指向小图时，在小图上方显示对应的大图。

（3）大图左上角显示当前小图序号。

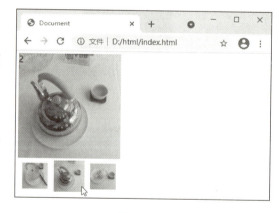

图 4-55

【实现步骤】

（1）在<body>中添加一个<div class="box">标签，在<div class="box">标签内，添加<span><div class="showbig pica">1</div><img src="images/a1.jpg" alt=""></span>、<span><div class="showbig picb">2</div><img src="images/a2.jpg" alt=""></span>、<span><div class="showbig picc">3</div><img src="images/a3.jpg" alt=""></span>等 3 个标签，如图 4-56 所示。

操作视频

（2）设置 .box span{display:inline-block;width:50px;height:50px;border:1px solid black;margin:5px;}样式属性，设置 .box img{position:relative;top:200px;width:50px;height:50px;}样式属性，如图 4-57 所示。

图 4-56

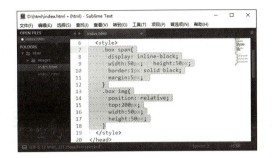

图 4-57

（3）浏览网页，3 张小图已成功显示，如图 4-58 所示。

（4）设置 .showbig｛position：absolute；top：0；left：0；width：200px；height：200px；background-repeat：no-repeat；background-size：100% 100%；margin：5px；z-index：1；｝样式属性，如图 4-59 所示。

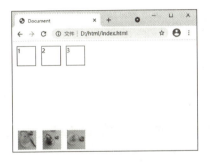

图 4-58

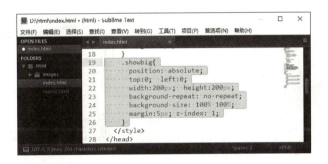

图 4-59

> **知识解读**
>
> ● z-index
>
> z-index 属性设置元素的堆叠顺序。拥有更高堆叠顺序的元素总是会处于堆叠顺序较低的元素的前面。
>
> 例：
>
> z-index：1；
>
> z-index：3；
>
> 设置 z-index：3 的元素会堆叠在设置 z-index：1 的元素的前面。

（5）浏览网页，左上角有 3 个标签重叠在一处，如图 4-60 所示。

（6）设置 .pica｛background-image：url（"images/a1.jpg"）；｝样式属性，设置 .picb｛background-image：url（"images/a2.jpg"）；｝样式属性，设置 .picc｛background-image：url（"images/a3.jpg"）；｝样式属性，如图 4-61 所示。

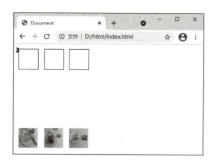

图 4-60

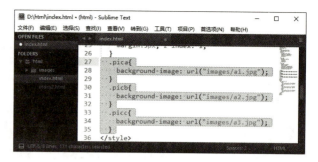

图 4-61

（7）浏览网页，左上角有 3 个标签重叠在一处，背景是图片，因图片重叠，只能看最顶层一张，如图 4-62 所示。

（8）设置 span:hover img{transform:scale(1.2);}样式属性，设置 span:hover .showbig{background-color:red; z-index:99;}样式属性，如图 4-63 所示。

图 4-62

图 4-63

（9）浏览网页的效果，当鼠标指针移到小图上时，上方显示大图，如图 4-55 所示。

任务 9　用户登录

【任务描述】

设计一个表单，提供输入账号信息的登录界面，如图 4-64 所示。

（1）设置一个账号登录的信息输入框。

（2）允许输入账号、密码。

（3）包含账号登录、忘记密码、注册等提示信息。

（4）包含账号登录，"登录"按钮、QQ、微信等图标按钮。

图 4-64

【实现步骤】

(1) 在<body>中添加一个<div class="box">标签,在<div class="box">标签内,添加<div class="tit">账号登录</div>标签用于显示标题;添加<form action="" method="get"><div class="enter">账号<input type="text" placeholder="请输入用户账号"></div><div class="enter">密码<input type="text" placeholder="请输入密码"></div><div class="enter forgetpw">忘了密码</div><input type="submit" value="登录" /></form>标签,提供表单输入的内容,如图4-65所示。

图 4-65

> **知识解读**
>
> ● <form>标签
>
> <form>标签用于为用户创建 HTML 表单。表单用于向服务器传输数据。
>
> 表单能够包含 input 元素,比如文本字段、复选框、单选按钮、提交按钮等。
>
> 表单还可以包含 menus、textarea、fieldset、legend 和 label 等元素。

(2) 设置.box{margin:0 auto;width:260px;height:300px;border:1px solid #ccc;position:relative;}样式属性,设置.tit{height:30px;line-height:30px;border-bottom:1px solid #ccc;text-align:center;font-weight:bolder;}样式属性,如图4-66所示。

(3) 浏览网页的效果,如图4-67所示。

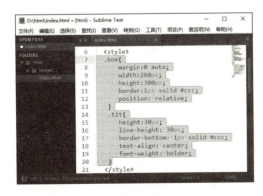

图 4-66

图 4-67

(4) 设置.enter{margin-top:10px;}样式属性,设置.forgetpw{text-align:right;padding-right:30px;}样式属性,设置form{text-align:center;}样式属性,设置form button{margin-top:20px;width:80%;}样式属性,如图4-68所示。

（5）在<body>中添加<div class="foot"><span><img src="images/qq.png" alt="">QQ<img src="images/weixin.png" alt="">微信</span><span>立即注册</span></div>等标签内容，如图4-69所示。

图4-68

图4-69

（6）设置.foot{position：absolute；bottom：0；width：100%；height：30px；line-height：30px；display：flex；justify-content：space-between；background-color：#ccc；}样式属性，设置.foot img{width：15px；height：15px；margin-left：10px；}样式属性，设置.foot span：nth-child（2）{margin-right：20px；}样式属性，如图4-70所示。

（7）浏览网页的效果，如图4-64所示。

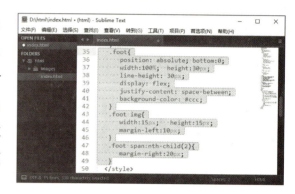

图4-70

任务 10 精选热点

【任务描述】

创建精选热点的效果，如图4-71所示。

（1）设置"精选热点"标题。

（2）包括"电脑""水果"等6个选项。

（3）鼠标指针移到选项上时，选项背景色、前景色变化适当。

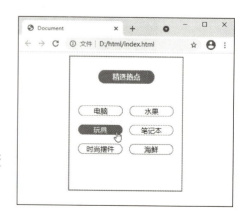

图4-71

【实现步骤】

（1）在<body>中添加<div class="box">标签，在标签添加<div class="tit">精选热点</div>标签，添加<div class="itembox"></div>标签，在标签<div class="itembox"></div>内，添加电脑、水果等6个标签，如图4-72所示。

（2）设置.box{margin:0 auto;width:260px;height:300px;border:2px solid #f00;position:relative;}样式属性，设置.tit{width:50%;height:30px;line-height:30px;color:white;font-weight:bolder;text-align:center;border-radius:30px;background-color:red;margin:30px auto;}样式属性，如图4-73所示。

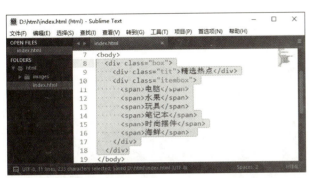
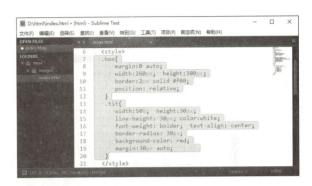

图 4-72　　　　　　　　　　　　　　图 4-73

（3）浏览网页的效果，如图4-74所示。

（4）设置.itembox {display:flex;flex-wrap:wrap;justify-content:space-between;width:220px;margin:0 auto;}样式属性，设置.itembox span{width:100px;border-radius:20px;border:1px solid red;text-align:center;margin-top:20px;}样式属性，如图4-75所示。

图 4-74　　　　　　　　　　　　　　图 4-75

（5）浏览网页的效果，如图4-76所示。

（6）设置.itembox span:hover{color:white;background-color:#CC3366;cursor:pointer;}样式属性，如图4-77所示。

图 4-76

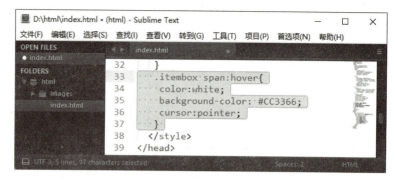

图 4-77

知识解读

- :hover

:hover 选择器用于选择鼠标指针浮动在上面的元素。

例：

```
span:hover{
  cursor:pointer;
}
```

鼠标指针浮动在<span>标签时鼠标指针为手形。

【项目总结】

本项目实现排行标志、打折展法、商品滚播、优惠券、用户信息、销售计划进度、业绩统计表、查看大图、用户登录、精选热点等方面的应用过程，讲述了<ul>、<li>、<div>、<span>、<img>、<label>、<i>等标签的应用，讲述了 border-bottom、cursor、font-style、background、background-image 等样式属性的应用，还讲述了 animation、@keyframes 实现动画的技巧。

任务1

【任务描述】

设计一个排行标志，置于一个方框左上角，如图 4-78 所示。

（1）标志由背景形状和文字组成。

（2）背景形状包括 3 部分：左上角的三角形、右下角的三角形、底部的白色三角形；白色三角形层次靠前；各部分颜色适当。

图 4-78

(3)标志文本加粗，文本颜色适当。

(4)请在方框内添加自己喜欢的商品图和信息，实现正常展示商品的效果。

任务 2

【任务描述】

创建带序号的精选热点的效果，如图 4-79 所示。

(1)设置"精选热点"标题。

(2)包括"电脑""水果"等 6 个选项，每项左侧设置一个序号。

(3)鼠标指针移到选项上时，选项背景色、前景色变化适当。

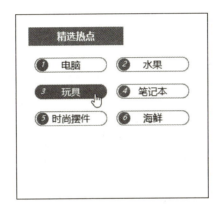

图 4-79

PROJECT 5 项目 5

旅游网站项目

项目概述

本项目根据旅游网站的应用特点,整理了一些常见功能任务。本项目选择的任务包括景点展示、景点推荐、打折航班、酒店宣传、旅游保障、机票推荐、特色推介、天气提醒等方面的应用。

【知识准备】

1. HTML 引入 CSS 样式的 3 种方法

CSS 的样式引用有 3 种方式，分别为内联定义、CSS 内链接和 CSS 外链接。

（1）内联定义

在对象的标记内使用对象的 style 属性定义适用的样式表属性。

例：

```
<div style="width:100% ;"><div>
```

（2）CSS 内链接

由 <style></style> 标记，放在 <head></head> 中，语法格式如下：

例 1：设置 div 标签宽度为 100%

```
<style type="text/css">
  div{
    width:100% ;
  }
</style>
<body>
  <div></div>
</body>
```

例 2：设置 class 名为 box 的 div 标签宽度为 100%

```
<style type="text/css">
.box{
  width:100% ;
}
</style>
<body>
<div class="box"></div>
</body>
```

例 3：设置 id 名为 box 的 div 标签宽度为 100%

```
<style type="text/css">
#box{
  width:100% ;
}
</style>
```

```
<body>
  <div id="box"></div>
</body>
```

(3) CSS 外链接

把 CSS 文件放在网页外面，通过链接标签<link>引用 CSS 文件。

例： 设置 id 名为 box 的 div 标签宽度为 100%

```
<link rel="stylesheet" type="text/css" href="mystyle.css">
<body>
  <div id="box"></div>
</body>
mystyle.css 为 CSS 文件,内容:
#box{
  width:100% ;
}
```

2. rgba( ) 函数

rgba(0,0,0,0.5)中的 0.5 表示不透明度，范围为 0~1，0 表示全透明。

任务 1　景点展示

【任务描述】

完成"景点展示"设计，如图 5-1 所示。

（1）顶部包括"热门""周边游""门票""当地游""境内游""游轮"菜单，菜单下边框为蓝色。

（2）四张景点图片，每行两张。

（3）景点图片标题为"热点景点"，标题圆形背景，底色设有透明效果。

图 5-1

操作视频

【参考代码】

index.html 参考代码如下。

```
1. <!DOCTYPE html>
2. <html lang="en">
3. <head>
4.     <meta charset="UTF-8">
5.     <title>Document</title>
6.     <link rel="stylesheet" type="text/css" href="mystyle.css">
7. </head>
8. <body>
9.     <ul class="nav">
10.         <li>热门</li>    <li>周边游</li>
11.         <li>门票</li>    <li>当地游</li>
12.         <li>境内游</li>  <li>游轮</li>
13.     </ul>
14.     <div class="box">
15.         <div class="vimg"><span>热门景点</span></div>
16.         <div class="vimg"><span>热门景点</span></div>
17.         <div class="vimg"><span>热门景点</span></div>
18.         <div class="vimg"><span>热门景点</span></div>
19.     </div>
20. </body>
21. </html>
```

mystyle.css 参考代码如下。

```
1. * {
2.     padding:0;  margin:0;
3. }
4. .nav{
5.     list-style:none;  display:flex;
6.     height:30px;     line-height:30px;
7.     border-bottom:1px solid blue;
8. }
9. .nav li{
10.    width:100px;   text-align:center;
11.    cursor:pointer;
12. }
13. .nav li:hover{
14.    width:100px;
15.    border-bottom:3px solid blue;
16. }
17. .box{
```

```
18.    width:450px;   height:400px;
19.    display:flex;  flex-wrap:wrap;
20.    justify-content:center;
21.    margin:0 auto;
22. }
23. .box .vimg{
24.    width:200px;   height:160px;
25.    margin:10px;   background-color:red;
26.    background:url("images/j2.jpg");
27. }
28. .box .vimg:nth-child(1){
29.    background:url("images/j1.jpg");
30. }
31. .box .vimg:nth-child(4){
32.    background:url("images/j3.jpg");
33. }
34. .box .vimg span{
35.    display:block;   color:#F96038;
36.    font-weight:bolder;   text-align:center;
37.    width:100px;   height:100px;
38.    line-height:100px;border-radius:100% ;
39.    background-color:rgba(0,0,0,0.6);
40.    margin:30px auto;
41. }
42. .box .vimg span i{
43.    display:block;   font-style:normal;
44. }
```

知识解读

- flex-wrap

flex-wrap:nowrap;//不换行(默认)

flex-wrap:wrap;//换行,第一行在上方

flex-wrap:wrap-reverse;//换行,第一行在下方

- justify-content

justify-content:flex-start;//(默认值)项目左对齐

justify-content:flex-end;//项目右对齐

justify-content:center;//项目居中

```
justify-content:space-between;//两端对齐,项目之间的空白都相等
justify-content:space-around;/*每个项目两侧的空白相等。注意,最左侧项目的左侧空白与
两个项目之间的空白不相同,最右侧项目的右侧空白也与两个项目之间的空白不相同;*/
```

- font-style

```
font-style:normal;//默认值,显示标准的字体样式
font-style:italic;//显示一个斜体的字体样式
font-style:oblique;//显示一个倾斜的字体样式
font-style:inherit;//从父元素继承字体样式
```

任务2 景点推荐

【任务描述】

完成"景点推荐"效果设计,如图5-2所示。
(1)背景设有渐变色和边框。
(2)左侧4张景点图片。
(3)右侧为文字,背景设置渐变色。

图 5-2

操作视频

【参考代码】

index.html 参考代码如下。

```html
1. <!DOCTYPE html>
2. <html lang="en">
3. <head>
4.     <meta charset="UTF-8">
5.     <title>Document</title>
6.     <link rel="stylesheet" type="text/css" href="mystyle.css">
7. </head>
8. <body>
9.     <div id="box">
10.        <div id="vL">
```

11.   <div class="vLimg">
12.   <img src="images/j1.jpg" alt="">
13.   </div>
14.   <div class="vLimg">
15.   <img src="images/j2.jpg" alt="">
16.   </div>
17.   <div class="vLimg">
18.   <img src="images/j3.jpg" alt="">
19.   </div>
20.   <div class="vLimg">
21.   <img src="images/j1.jpg" alt="">
22.   </div>
23.   </div>
24.   <div id="vR">
25.   <span>热门周边游</span>
26.   <span>景点推荐</span>
27.   </div>
28.   </div>
29. </body>
30. </html>

mystyle.css 参考代码如下

1. #box{
2.   display:flex; border:1px solid green;
3.   background-image:linear-gradient(to top,#2849CA,#ABC7FC);
4. }
5. #vL{
6.   width:360px;   height:260px;
7.   display:flex;flex-wrap:wrap;
8.   justify-content:space-around;
9. }
10. #vR{
11.   width:160px;   height:260px;
12.   margin:10px;
13.   background-image:linear-gradient(to top,#B0DCFF , #0099FF);
14. }
15. #vR span{
16.   display:block;margin-top:50px;
17.   height:30px;   width:100% ;
18.   font-size:20px;   color:white;

```
19.    font-weight:bolder;
20.    text-align:center;
21.    letter-spacing:0.3em;
22. }
23. #vL .vLimg{
24.    width:45% ;   height:115px;
25.    margin-top:10px;
26. }
27. .vLimg img{
28.    width:100% ;   height:100% ;
29. }
```

> **知识解读**

● letter-spacing:0.3em

letter-spacing 表示增加或减少字符间的空白(字符间距)。

letter-spacing:0.3em;//字符间距为0.3倍当前字号

em 用来自适应用户所使用的字体,1em 相当于当前的字号,2em 相当于当前字号的2倍,即2个字号的尺寸。

● background-image:linear-gradient(to top ,#2849CA, #ABC7FC)

linear-gradient( ) 函数用于创建一个表示两种或多种颜色线性渐变的图片。

"background-image:linear-gradient(to top,#2849CA,#ABC7FC);"表示由#2849CA色和#ABC7FC色向top方向形成渐变色。

任务 3　打折航班

【任务描述】

完成"打折航班"信息展示效果的设计,如图 5-3 所示。

(1)背景设有边框线,四角为圆角。

(2)顶部标题行文字加粗。

(3)每行航班上边框设边框线,信息包括图片、航班信息、打折价、航班日期等。

图 5-3

操作视频

【参考代码】

index.html 参考代码如下。

```html
1. <!DOCTYPE html>
2. <html lang="en">
3. <head>
4.    <meta charset="UTF-8">
5.    <title>Document</title>
6.    <link rel="stylesheet" type="text/css" href="mystyle.css">
7. </head>
8. <body>
9.    <ul class="nav">
10.       <label class="tit">
11. 打折航班
12.       </label>
13.       <li>
14.          <div class="navimg"><img src="images/a1.png" ></div>
15.          <div class="navtxt">
16.          <div class="txt txt1"><span>广州飞福州</span><span>￥210起</span></div>
17.          <div class="txt txt2"><span>5月4日</span> <span>3折</span> </div>
18.          </div>
19.       </li>
20.       <li>
21.          <div class="navimg"><img src="images/a1.png" ></div>
22.          <div class="navtxt">
23.             <div class="txt txt1"><span>广州飞上饶</span><span>￥230起</span></div>
24.             <div class="txt txt2"><span>5月4日</span> <span>3折</span> </div>
25.          </div>
26.       </li>
27.       <li>
28.          <div class="navimg"><img src="images/a1.png" ></div>
29.          <div class="navtxt">
30.             <div class="txt txt1"><span>广州飞泉州</span><span>￥310起</span></div>
31.             <div class="txt txt2"><span>5月4日</span> <span>3折</span> </div>
32.          </div>
33.       </li>
34.    </ul>
35. </body>
36. </html>
```

mystyle.css 参考代码如下。

```css
1. * {
2.     padding:0;  margin:0;
3. }
4. .tit{
5.     font-weight:bolder;
6.     height:40px;  line-height:40px;
7. }
8. .nav{
9.     width:400px;  padding:20px;
10.    margin:10px auto;
11.    border-radius:10px;
12.    list-style:none;
13.    border:1px solid #999;
14. }
15. .nav li{
16.    height:100px;
17.    border-top:1px solid #999;
18.    display:flex;
19. }
20. .nav li .navimg{
21.    margin:10px;  width:120px;
22.    height:80px;
23. }
24. .navimg img{
25.    width:100%;height:100%;
26.    border-radius:10px;
27. }
28. .navtxt{
29.    width:260px;
30. }
31. .navtxt .txt{
32.    height:40px;
33.    margin-top:10px;
34.    line-height:40px;
35.    display:flex;
36.    justify-content:space-between;
37. }
38. .navtxt .txt1{
39.    font-weight:bolder;
```

```
40.    color:#FF9933;
41. }
42. .navtxt .txt2{
43.    color:#ccc;
44. }
```

> **知识解读**
>
> ● font-weight
>
> font-weight 属性设置文本的粗细。
> font-weight:normal;//默认值,定义标准的字符
> font-weight:bold;//定义粗体字符
> font-weight:bolder;//定义更粗的字符
> font-weight:lighter;//定义更细的字符
> font-weight:100;//定义指定数值粗细的字符
> font-weight:inherit;//从父元素继承字符的粗细

任务4　酒店宣传

【任务描述】

完成"酒店宣传"信息展示效果的设计,如图 5-4 所示。

（1）倾斜形状背景,背景色适当。

（2）每行信息包括图标和标题。

（3）信息分左右两部分,背景色和大小适当、四角为圆角,内容包括多行图文信息。

图 5-4

操作视频

【参考代码】

index.html 参考代码如下。

```
1. <!DOCTYPE html>
2.   <html lang="en">
3.   <head>
```

4. <meta charset="UTF-8">
5. <title>Document</title>
6. <link rel="stylesheet" type="text/css" href="mystyle.css">
7. </head>
8. <body>
9. <div class="top"></div>
10. <div class="box">
11. <div class="adv">
12. <div class="advline">
13. <div class="advimg"><img src="images/h12.png" alt=""></div>
14. <div class="advtxt">星级服务</div>
15. </div>
16. <div class="advline">
17. <div class="advimg"><img src="images/h2.png" alt=""></div>
18. <div class="advtxt">天然生态</div>
19. </div>
20. <div class="advline">
21. <div class="advimg"><img src="images/h3.png" alt=""></div>
22. <div class="advtxt">机场接送</div>
23. </div>
24. </div>
25. <div class="adv">
26. <div class="advline">
27. <div class="advimg"><img src="images/h12.png" alt=""></div>
28. <div class="advtxt">星级服务</div>
29. </div>
30. <div class="advline">
31. <div class="advimg"><img src="images/h2.png" alt=""></div>
32. <div class="advtxt">天然生态</div>
33. </div>
34. <div class="advline">
35. <div class="advimg"><img src="images/h3.png" alt=""></div>
36. <div class="advtxt">机场接送</div>
37. </div>
38. </div>
39. </div>
40. </body>
41. </html>

mystyle.css 参考代码如下。

```
1. .top{
2.    width:140%;
3.    height:260px;
4.    position:absolute;
5.    left:-50px;
6.    top:-50px;
7.    background-color:#6BD8EB;
8.    transform:rotate(-9deg);
9. }
10. .adv{
11.    height:260px;
12.    width:40%;
13.    background-color:#6699FF;
14.    position:relative;
15.    margin-top:50px;
16.    border-radius:10px;
17. }
18. .adv:nth-child(2){
19.    background-color:#1199FF;
20. }
21. .box{
22.    display:flex;
23.    justify-content:space-around;
24. }
25. .adv .advimg{
26.    height:50px;
27.    width:30px;
28. }
29. .advimg img{
30.    margin-top:10px;
31. }
32. .adv .advtxt{
33.    margin-left:20px;
34.    height:50px;
35.    width:120px;
36.    line-height:50px;
37.    color:white;
38.    font-weight:bolder;
39. }
40. .advline{
```

```
41.    margin:20px auto;
42.    width:80% ;
43.    display:flex;
44. }
```

知识解读

• line-height

line-height 属性设置行间的距离(行高)。

line-height:50px;//行高为 50px

• transform:rotate

transform 属性对元素进行旋转、缩放、移动或倾斜。

transform:rotate(-9deg);//逆时针旋转 9°

任务 5　旅游保障

操作视频

【任务描述】

完成"旅游保障"信息展示效果的设计，如图 5-5 所示。

(1)标题行设有背景色，前景色为白色。

(2)顶部包括 3 项导航，导航信息包括图标和标题。

(3)两行景点信息包括图片、文本和"马上抢"按钮样式。

 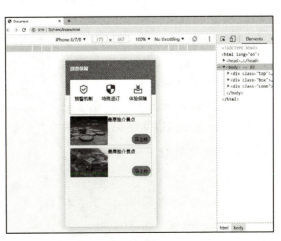

图 5-5

【参考代码】

index.html 参考代码如下。

```html
1. <!DOCTYPE html>
2. <html lang="en">
3. <head>
4.     <meta charset="UTF-8">
5.     <title>Document</title>
6.     <link rel="stylesheet" type="text/css" href="mystyle.css">
7. </head>
8. <body>
9.     <div class="top">
10.         <span>旅游保障</span>
11.     </div>
12.     <div class="box">
13.         <div class="sub">
14.             <div class="subimg"><img src="images/serv1.png" alt=""></div>
15.             预警机制
16.         </div>
17.         <div class="sub">
18.             <div class="subimg"><img src="images/serv2.png" alt=""></div>
19.             特殊退订
20.         </div>
21.         <div class="sub">
22.             <div class="subimg"><img src="images/serv3.png" alt=""></div>
23.             体验保障
24.         </div>
25.     </div>
26.     <div class="conn">
27.         <div class="con">
28.             <div class="conimg"><img src="images/J3.jpg" alt=""></div>
29.             <div><span class="contxt">最惠推介景点</span><span class="conbuy">马上抢</span></div>
30.         </div>
31.         <div class="con">
32.             <div class="conimg"><img src="images/J2.jpg" alt=""></div>
33.             <div><span class="contxt">最惠推介景点</span><span class="conbuy">马上抢</span></div>
34.         </div>
35.     </div>
36. </body>
37. </html>
```

mystyle.css 参考代码如下。

```css
1. body{
2.    background-color:#F9F9F9;
3.    font-size:48px;
4. }
5. .top{
6.    width:100% ;  height:360px;
7.    background-color:#15C8BA;
8.    font-weight:bolder;
9.    color:white;
10.   padding-top:50px;
11.   padding-left:50px;
12.   box-sizing:border-box;
13. }
14. .sub .subimg{
15.   width:100% ;  text-align:center;
16. }
17. .sub img{
18.   width:100px;height:100px;
19.   margin-top:50px;
20. }
21. .box{
22.   width:90% ;  height:360px;
23.   background-color:white;
24.   border:1px solid #000;
25.   margin:-160px auto;
26.   border-radius:10px;
27.   display:flex;
28.   justify-content:space-around;
29. }
30. .sub{
31.   text-align:center;width:30% ;
32. }
33. .conn{
34.   width:90% ;  margin:180px auto;
35. }
36. .con{
37.   margin-bottom:30px;
38.   display:flex;
39.   border:1px solid #ccc;
```

```
40.    position:relative;
41. }
42. .con .conimg{
43.    width:400px;  height:300px;
44. }
45. .conimg img{
46.    width:100%;  height:100%;
47.    border-radius:10px;
48. }
49. .con span{
50.    display:block;
51. }
52. .con .conbuy{
53.    width:200px;  height:100px;
54.    line-height:100px;
55.    border:1px solid red;
56.    border-radius:50px;
57.    text-align:center;
58.    position:absolute;
59.    right:10px;  bottom:10px;
60.    background-color:#FF9900;
61. }
```

知识解读

- position:absolute 与 position:relative 的共同应用

position 属性规定元素的定位类型。

"position:absolute;"设置绝对定位的元素。"position:relative;"设置相对定位的元素。

当子元素需要相对父元素进行绝对定位时,子元素可设置"position:absolute;",父元素须设"position:relative;"。

任务 6　机票推荐

【任务描述】

完成"机票推荐"信息展示效果的设计,如图 5-6 所示。

(1)标题文字加粗。

(2)顶部出发日期和返程日期,设有外边框和中间分隔线。

(3)全部地址信息共设置外边框,每行两项。

(4)每个地址信息文字加粗,设有适当的背景色和前景色。

(5)鼠标指针移过地址时,背景为图片,变更前景色。

操作视频

图 5-6

【参考代码】

index.html 参考代码如下。

```
1. <!DOCTYPE html>
2. <html lang="en">
3. <head>
4.     <meta charset="UTF-8">
5.     <title>Document</title>
6.     <link rel="stylesheet" type="text/css" href="mystyle.css">
7. </head>
8. <body>
9.    <div class="tit">
10.       机票推荐
11.    </div>
12.    <div class="top">
13.       <div class="tp">出发日期</div>
14.       <div class="tp">返程日期</div>
15.    </div>
16.    <div class="box">
17.       <div class="bx">杭州</div>
18.       <div class="bx">北京</div>
19.       <div class="bx">上海</div>
20.       <div class="bx">昆明</div>
21.       <div class="bx">西安</div>
```

22.　　<div class="bx">武汉</div>
23.　</div>
24. </body>
25. </html>

mystyle.css 参考代码如下。

1. body{
2. font-size:40px;
3. }
4. .tit{
5. font-weight:bolder;
6. }
7. .top{
8. width:90%;
9. border-radius:20px;
10. border:1px solid #ccc;
11. margin:0 auto;
12. height:150px;
13. padding-top:10px;
14. box-sizing:border-box;
15. display:flex;
16. justify-content:center;
17. }
18. .top .tp{
19. width:45%;
20. height:120px;
21. line-height:120px;
22. text-align:center;
23. }
24. .top .tp:nth-child(1){
25. border-right:1px solid #000;
26. }
27. .box{
28. border:1px solid #ccc;
29. width:90%;
30. margin:0 auto;
31. display:flex;
32. justify-content:center;
33. flex-wrap:wrap;
34. margin-top:10px;

```
35. }
36. .bx{
37. width:45% ;
38. height:120px;
39. background-color:#026ABD;
40. margin:10px;
41. text-align:center;
42. line-height:120px;
43. border-radius:10px;
44. color:white;
45. font-weight:bolder;
46. font-size:larger;
47. letter-spacing:0.5em;
48. }
49. .bx:hover{
50. color:yellow;
51. background-color:#f00;
52. background:url("images/j3.jpg");
53. }
```

知识解读

- box-sizing

box-sizing 属性以特定的方式定义匹配某个区域的特定元素。

box-sizing:content-box;/*在宽度和高度之外绘制元素的内边距和边框。呈现的现象是设置了边距或边框大小时,影响元素原来的区域大小。*/

box-sizing:border-box;/*设定的宽度和高度分别减去边框和内边距才能得到内容的宽度和高度。呈现的现象是设置了边距或边框大小时,不影响元素原来的区域大小。*/

box-sizing:inherit;/*从父元素继承 box-sizing 属性的值*/

任务 7 特色推介

【任务描述】

完成"特色推介"信息展示效果的设计,如图 5-7 所示。
(1)标题加粗,左对齐。
(2)每行信息包括图标、两行文字、下边框、右侧箭头。
(3)"文化旅游""团游特惠"设有背景色,文字居中。

【参考代码】

index.html 参考代码如下。

图 5-7

操作视频

```
1. <!DOCTYPE html>
2. <html lang="en">
3. <head>
4.     <meta charset="UTF-8">
5.     <title>Document</title>
6.     <link rel="stylesheet" type="text/css" href="mystyle.css">
7. </head>
8. <body>
9.     <div class="box">
10.        <div class="tit">特色推介</div>
11.        <div class="item">
12.            <img src="images/food.png" alt="">
13.            <span>  <i>美食主题</i>   川菜   粤菜   湘菜特色菜</span>
14.            <span class="sp">&gt;</span>
15.        </div>
16.        <div class="item">
17.            <img src="images/nature.png" alt="">
18.            <span>  <i>自然生态</i>   湿地公园   自然氧吧   原始森林</span>
19.            <span class="sp">&gt;</span>
20.        </div>
21.        <div class="item">
```

```
22.        <img src="images/hotel.png" alt="">
23.        <span>  <i>特色酒店</i>  海景   观光   五星级的家</span>
24.        <span class="sp">&gt;</span>
25.     </div>
26.     <div class="item">
27.        <img src="images/hotel.png" alt="">
28.        <span>  <i>特色酒店</i>  海景   观光   五星级的家</span>
29.        <span class="sp">&gt;</span>
30.     </div>
31.     <div class="item">
32.        <img src="images/hotel.png" alt="">
33.        <span>  <i>特色酒店</i>  海景   观光   五星级的家</span>
34.        <span class="sp">&gt;</span>
35.     </div>
36.     <div class="itemlast">
37.        <span class="iat">文化旅游</span>
38.        <span class="iat">团游特惠</span>
39.     </div>
40.  </div>
41. </body>
42. </html>
```

mystyle.css 参考代码如下。

```
1. .tit{
2.   height:30px;
3.   line-height:30px;
4.   font-weight:bolder;
5.   color:#FF9535;
6. }
7. .box{
8.   width:70%;
9.   height:400px;
10.  border:3px solid blue;
11.  margin:0 auto;
12.  padding:10px;
13. }
14. .box .item{
```

```css
15.    height:50px;
16.    border-bottom:1px solid #ccc;
17.    display:flex;
18.    align-items:center;
19.    position:relative;
20. }
21. .item img{
22.    margin:10px;
23. }
24. .item i{
25.    display:block;
26. }
27. .item .sp{
28.    position:absolute;
29.    right:0;
30.    font-size:larger;
31.    color:#999;
32. }
33. .item:hover{
34.    background-color:#8DAFD7;
35. }
36. .iat{
37.    display:inline-block;
38.    width:45% ;
39.    height:100px;
40.    background-color:#FFD3B2;
41.    margin-top:10px;
42.    margin-left:10px;
43.    line-height:100px;
44.    text-align:center;
45.    font-size:larger;
46. }
47. .iat:nth-child(1){
48.    background-color:#F87769;
49. }
50. .iat:hover{
51.    background-color:#00CC99;
52. }
```

知识解读

• display:flex 与 align-items:center

align-items 属性定义 flex 子项在 flex 容器的当前行的侧轴(纵轴)方向上的对齐方式。

align-items:center;//元素位于容器的中心,即达到垂直居中的效果

任务8　天气提醒

【任务描述】

完成"天气提醒"动画效果的设计,如图 5-8 所示。

(1)设置适当的提示文字。

(2)设置适当的动画规则,实现温度指示标志的动画效果。

图 5-8

操作视频

【参考代码】

index.html 参考代码如下。

```
1. <!DOCTYPE html>
2. <html lang="en">
3. <head>
4.     <meta charset="UTF-8">
5.     <title>Document</title>
6.     <link rel="stylesheet" type="text/css" href="mystyle.css">
7. </head>
8. <body>
9.     <span>天气炎热,出行注意防暑降温</span>
10.    <div id="box">
11.        <div id="pic"></div>
12.    </div>
13. </body>
14. </html>
```

mystyle.css 参考代码如下。

```
1. #pic {
2. height:90px;    width:540px;
3. background-position:-200px 30px;
4. background-image:url("images/t3.png");
5. background-repeat:no-repeat;
6. animation:2s go stTIF(5) infinite;
7. }
8. @ keyframes go  {
9.   0% {
10. background-position-x:-200px;
11.   }
12.   100% {
13. background-position-x:50px;
14.   }
15. }
16. #box{
17. width:45px;    height:100px;
18. position:absolute;    overflow:hidden;
19. }
```

知识解读

- animation:2s go steps(5) infinite

animation 用于定义动画，可设置6个动画属性。

animation-name 规定需要绑定到选择器的 keyframe 名称。

animation-duration 规定完成动画所花费的时间。

animation-timing-function 规定动画的速度曲线。

animation-delay 规定在动画开始之前的延迟时间。

animation-iteration-count 规定动画应该播放的次数。

animation-direction 规定是否应该轮流反向播放动画。

要实现动画，需设置以上多个属性值，但实践中常用 animation 的简写方法。"animation:2s go steps(5) infinite;"就是 animation 简写法的一种。其中，2s 表示完成动画所花费的时间为2秒，go 是绑定到选择器的 keyframe 名称，infinite 规定动画应该无限次播放，steps(5)表示分5步完成动画。

- @keyframes

@ keyframes go {//定义动画名称为go，对应 animation 的 go

```
0%  {//动画开始时 background-position-x:-200px;
   background-position-x:-200px;
  }
  100%  {//动画结束时 background-position-x:50px;
     background-position-x:50px;
  }
}
```

【项目总结】

本项目实现景点展示、景点推荐、打折航班、酒店宣传、旅游保障、机票推荐、特色推介、天气提醒等方面的应用过程，讲述了 border-bottom、cursor、font-style、background、background-image 等样式属性的应用。

任务1

【任务描述】

完成带角标的"景点推荐"效果设计，如图5-9所示。

(1)背景设有渐变色和边框。

(2)左侧4张景点图片，图标右下角设置"人气推荐"角标，角标底部略带透明，颜色设置适当。

(3)右侧为文字，背景设置渐变色。

图5-9

任务 2

【任务描述】

完成带"优惠中"角标的"打折航班"信息展示效果的设计,如图 5-10 所示。

(1)背景设有边框线,四角为圆角。

(2)顶部标题行字体加粗。

(3)每行航班上边框设边框线,信息包括图片、航班信息、打折价、航班日期等。

(4)图片左上角设置"优惠中"角标。

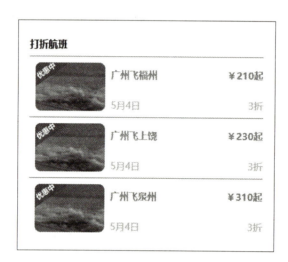

图 5-10

PROJECT 6 项目 6

工具网站项目

项目概述

创建一个个性化的网址导航页面，设为浏览器首页。本项目包含了页面背景和搜索框的实现、网址图标列表、底部应用卡片热门资讯应用卡片、天气预报应用卡片、证券行情应用卡片等任务。本项目重点介绍了浮动定位布局，通过该项目的实训，帮助学生理解浮动定位的特点及相关属性的用法，创建出简洁美观的网址导航首页，如图6-1所示。

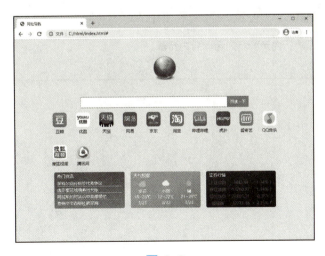

图6-1

【知识准备】

1. 行内元素与块级元素

HTML 元素大多数是行内元素或块级元素。一个行内元素只占据对应标签的边框所包含的空间，而块级元素占据其父元素（容器）的整个空间，因此创建了一个"块"。<div>标签是一个典型的块级元素，而<span>标签是一个典型的行内元素。

```
1. <div>块级元素</div>
2. <div>块级元素</div>
3. <div>块级元素</div>
4. <div>块级元素</div>
5. <span>行内元素</span>
6. <span>行内元素</span>
7. <span>行内元素</span>
8. <span>行内元素</span>
```

块级元素通常表现为每个元素独占一行，而行内元素则表现为从左往右连成一行，如图 6-2 所示。

图 6-2

2. 元素的浮动

```
1. <style>
2. .block {
3.   float:left;
4.   width:100px;
5.   height:100px;
6.   background-color:#CCC;
7. }
8. </style>
9. <div class="box">
```

```
10.    <div class="block">1</div>
11.    <div class="block">2</div>
12.    <div class="block">3</div>
13.    <div class="block">4</div>
14.    <div class="block">5</div>
15. </div>
```

设置了浮动定位的元素，会按照设置的方向浮动。上述代码中，类名为 block 的 div 设置了 float:left 属性，因此，这些元素从左往右浮动，宽度空间不够时，会自动换行，如图 6-3 所示。

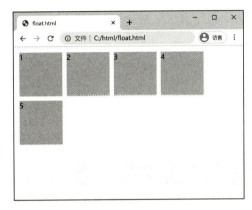

图 6-3

3. 浮动清除

如果不想要某个元素旁边有浮动的元素，可以使用 clear 属性清除掉旁边的浮动元素。

```
1. <style>
2. .block {
3.     float:left;
4.     width:100px;
5.     height:100px;
6.     margin:5px;
7.     background-color:#CCC;
8. }
9. </style>
10. <div class="box">
11.    <div></div>
12.    <div class="block">1</div>
13.    <div class="block">2</div>
14.    <div class="block" style="clear:left;">3</div>
15.    <div class="block">4</div>
16.    <div class="block">5</div>
17. </div>
```

代码中，第三个 div 设置了 clear:left 属性，通过这样的设置，第三个 div 将不再浮动在第二个 div 的右边，而是自己另起一行，如图 6-4 所示。这里要注意的是，clear 属性仅作用于被设置的元素，并不会影响其他元素的浮动效果。

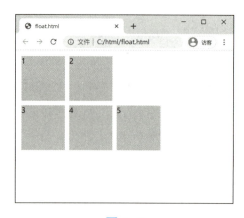

图 6-4

任务 1　页面背景和搜索框

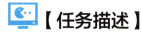【任务描述】

完成页面背景及搜索框设置，如图 6-5 所示。

(1) 设置页面背景。

(2) 放置 Logo 图片。

(3) 实现搜索框。

图 6-5

【实现步骤】

(1) 创建一个新的 HTML 文档，并在 head 中的<style>标签设置好背景颜色，如图 6-6 所示。

操作视频

```
1. <!DOCTYPE html>
2. <html lang="en">
3. <head>
4.     <meta charset="UTF-8">
5.     <title>网址导航</title>
```

```
6.    <style>
7. body {
8.        background-color:#EFEFEF;
9.    }
10.    </style>
11. </head>
12. <body>
13.
14. </body>
15. </html>
```

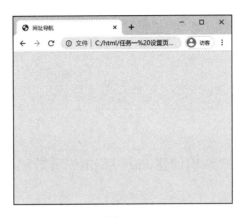

图 6-6

（2）创建一个类名为 container 的 div，用于包含整个网页主题部分（为了突出显示，暂时将该 div 背景设置为灰色且将高度设置为 600px），如图 6-7 所示。

```
1. <!DOCTYPE html>
2. <html lang="en">
3. <head>
4.    <meta charset="UTF-8">
5.    <title>网址导航</title>
6.    <style>
7.    body {
8.      background-color:#EFEFEF;
9.    }
10.    .container {
11.        width:800px;
12.        margin:0 auto;
13.        background-color:#CCC;
14.        height:600px;
15.    }
16.    </style>
17. </head>
```

```
18. <body>
19.     <div class="container">

21.     </div>
22. </body>
23. </html>
```

图 6-7

（3）在 <div class="container"> 中创建 Logo 层 div，并放置 Logo 图片，如图 6-8 所示。参考 CSS 代码如下。

```
1. #logo {
2.     text-align:center;
3.     padding:100px 0;
4. }
```

参考 HTML 代码如下。

```
1. <divclass="container">
2.     <div id="logo">
3.         <img src="./images/logo.png" width="80px" alt="">
4.     </div>
5. </div>
```

图 6-8

(4)创建 id 为 search 的 div,用于放置搜索框,在该 div 中创建一个<form>标签,用于搜索关键字的表单提交,表单中包含一个输入框和一个按钮,如图 6-9 所示。

参考 HTML 代码如下。

```
1.<div id="search">
2.<form action="http://www.baidu.com/s" method="GET">
3.<input type="text" name="wd" id="search_input">
4.<button>百度一下</button>
5.</form>
6.</div>
```

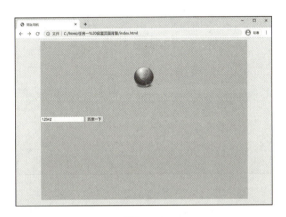

图 6-9

知识解读

• 通过表单<form>实现搜索功能

<form>标签内可以通过 <input> <textarea> 供用户编辑数据并提交。

action 属性设置表单提交的地址。

method 属性设置提交表单的方法,默认为 GET,这种方法所有的参数会在 URL 中体现出来。

百度搜索提交的地址为 http://www.baidu.com/s,输入的关键词用 wd 参数表示。

(5)设置输入框的边框、宽度、内边距,如图 6-10 所示。

参考 CSS 代码如下。

```
1.#search_input {
2.  padding:10px;
3.  border:1px solid #00aeff;
4.  width:480px;
5.}
```

(6)设置按钮的内边距、背景颜色、边框等样式。

参考 CSS 代码如下。

```
1.  #search_btn {
2.    padding:10px;
3.    background-color:#00aeff;
4.    border:0;
5.    vertical-align:bottom;
6.    color:#FFF;
7.  }
```

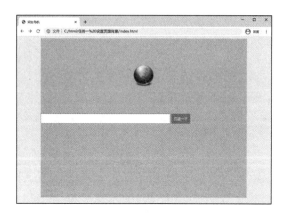

图 6-10

知识解读

- vertical-align 属性

vertical-align 用来指定行内元素（inline）或表格单元格（table-cell）元素的垂直对齐方式。对于行内元素，vertical-align 可以指定为以下值：

◆ baseline

使元素的基线与父元素的基线对齐。

◆ sub

使元素的基线与父元素的下标基线对齐。

◆ super

使元素的基线与父元素的上标基线对齐。

◆ text-top

使元素的顶部与父元素的字体顶部对齐。

◆ text-bottom

使元素的底部与父元素的字体底部对齐。

◆ middle

使元素的中部与父元素的基线加上父元素中字线 x 高度的一半对齐。

◆长度值

使元素的基线对齐到父元素的基线之上的给定长度。可以是负数。

◆百分比

使元素的基线对齐到父元素的基线之上的给定百分比,该百分比是line-height属性的百分比。可以是负数。

(7)设置<form>标签的字体对齐方式text-align:center,使搜索框居中,如图6-11所示。

```
1. #search form {
2.     text-align:center;
3. }
```

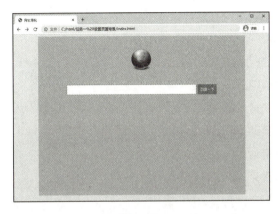

图6-11

任务2　网址图标列表

【任务描述】

网址图标列表采用浮动定位实现,每行显示10个网站图标,如图6-12所示。

(1)使用浮动定位,给每个图标创建一个div。

(2)实现网址图标按钮。

(3)补充完善网址图标按钮。

图6-12

141

【实现步骤】

(1) 在<div class="container">中创建 id 为 website 的 div 用于放置图标列表, 并在 <div id="website">中放置类名为 icon 的 div 用于实现每个网站图标。

参考 HTML 代码如下。

```
1. <div id="website">
2. <div class="icon">网站 1</div>
3. <div class="icon">网站 2</div>
4. <div class="icon">网站 3</div>
5. <div class="icon">网站 4</div>
6. <div class="icon">网站 5</div>
7. <div class="icon">网站 6</div>
8. <div class="icon">网站 7</div>
9. <div class="icon">网站 8</div>
10. <div class="icon">网站 9</div>
11. <div class="icon">网站 10</div>
12. <div class="icon">网站 11</div>
13. <div class="icon">网站 12</div>
14. </div>
```

(2) 每行显示 10 个 div, 则设置每个 <div class="icon"> 宽度为 10%且使用浮动定位实现从左往右排列, 如图 6-13 所示。

参考 CSS 代码如下。

```
1. #website .icon {
2.    width:10% ;
3.    float:left;
4. }
```

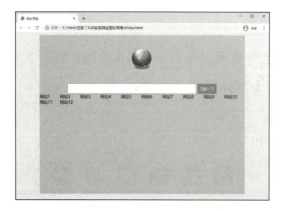

图 6-13

(3) 进一步完善网站图标显示, 在 <div class="icon">中放置一个<a>标签以实现超链接跳转功能，<a> 标签中又包含 <img> 标签和 <span> 标签，如图 6-14 所示。

参考 HTML 代码如下。

```
1. <div id="website">
2.    <div class="icon">
3.       <a href="#">
4.          <img src="./images/icon/163.png" alt="">
5.          <span>网易</span>
6.       </a>
7.    </div>
8. ...
9.    <div class="icon">
10.      <a href="#">
11.         <img src="./images/icon/douban.png" alt="">
12.         <span>豆瓣</span>
13.      </a>
14.   </div>
15. </div>
```

图 6-14

（4）设置<img>标签宽度，调整图标大小，如图 6-15 所示。

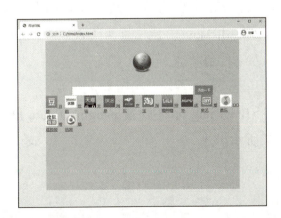

图 6-15

参考 CSS 代码如下。

```
1.#website .icon img {
2.    width:50px;
3.}
```

（5）对<div class = "icon">中的<img>标签和<span>标签设置 display:block，如图 6-16 所示。

参考 CSS 代码如下。

```
1.#website .icon img {
2.    width:48px;
3.    display:block;
4.}
5.#website .icon span {
6.    display:block;
7.}
```

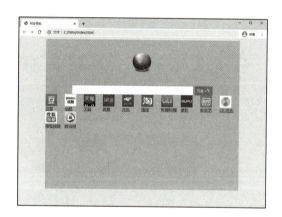

图 6-16

知识解读

<img>标签和<span>标签都是典型的行内元素，因此在不改变默认样式的情况下，会在同一行显示出来。通过将 display 属性设置为 block，可以将行内元素转换为块级元素，实现图标和文字都各占一行的特点。

（6）为<div class = "icon">中的 img 标签设置 margin:0 auto 属性，为 span 标签设置 text-align:center 属性，如图 6-17 所示。

参考 CSS 代码如下。

```
1.#website .icon img {
2.    width:48px;
```

```
3.    display:block;
4.    margin:0 auto;
5.  }
6.  #website .icon span {
7.    display:block;
8.    text-align:center;
9.  }
```

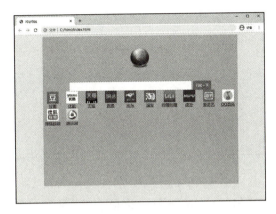

图 6-17

> **知识解读**
>
> ● 设置块级元素左右居中的方法
>
> 块级元素中，如果已经设置了元素的宽度，且其值小于浏览器窗口的宽度大小，则做出来的宽度会作为元素的外边距，因此可以把左右外边距设置为 auto，以实现居中的效果。
>
> 图标中的<img>标签已经设置好了宽度，因此只要通过设置左右外边距为 auto 便可以实现居中。
>
> ● 元素中内容居中的方法
>
> 图标下方的文字，通过<span>标签实现，但由于<span>标签没有设置固定的宽度，且已经把<span>标签设置为块级元素，此时宽度为 100%，没有多余的外边距，因此不能像<img>标签一样通过设置外边距。但是可以通过设置文字居中属性 text-align:center 来实现文字的居中效果。

（7）设置图标外边距，在#website .icon 中设置属性"margin:15px auto;"，为每个图标设置上下 15px 的外边距，如图 6-18 所示。

参考 CSS 代码如下。

```
1.#website .icon {
2.    width:10% ;
3.    float:left;
4.    margin:15px auto;
5.}
```

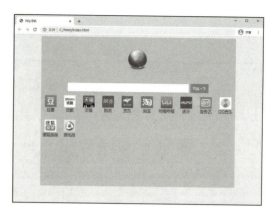

图 6-18

（8）调整图标文字样式、字号、文字与图标之间的间距等，如图 6-19 所示。参考 CSS 代码如下。

```
1..icon a {
2.    text-decoration:none;
3.}
4.#website .icon span {
5.    display:block;
6.    text-align:center;
7.    color:#333;
8.    font-size:14px;
9.    margin:5px;
10.}
```

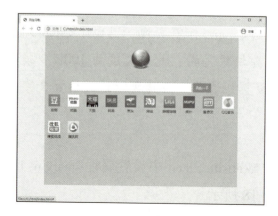

图 6-19

（9）为图标中的<img>标签设置 border-radius:10px，实现圆角矩形效果，如图 6-20 所示。参考 CSS 代码如下。

```
1. #website .icon img {
2.     width:48px;
3.     display:block;
4.     margin:0 auto;
5.     border-radius:10px;
6. }
```

图 6-20

任务 3　底部应用卡片

【任务描述】

完成图标的绝对定位功能，如图 6-21 所示。

（1）在底部创建类名为 widget-list 的 div，用于放置应用卡片。

（2）每个应用卡片通过浮动定位，使卡片成行排列。

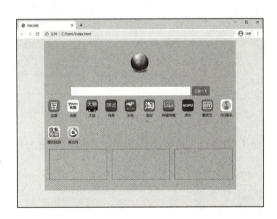

图 6-21

【实现步骤】

（1）在<div class="container">创建一个类名为 widget-list 的 div，用于放置应用卡片。

参考 HTML 代码如下。

```
1.<divclass="widget-list">
2.</div>
```

（2）在<div class="widget-list">中创建 3 个类名为 widget 的 div，作为 3 个应用卡片。参考 HTML 代码如下。

```
1. <div class="widget-list">{
2.     <div class="widget"></div>
3.     <div class="widget"></div>
4.     <div class="widget"></div>
5. </div>
```

（3）设置<div class="widget">的宽度为 240px，左外边距为 20px。为了便于调试，为这些卡片设置虚线边框，如图 6-22 所示。

参考 CSS 代码如下。

```
1..widget-list .widget
2.    width:240px;
3.    height:120px;
4.    margin-left:20px;
5.    border:1px dashed #333;
6. }
```

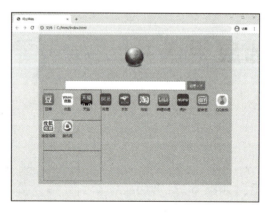

图 6-22

（4）为上面的网站图标列表设置 overflow:auto 属性，如图 6-23 所示。

参考 CSS 代码如下。

```
1.#website {
2.    overflow:auto;
3. }
```

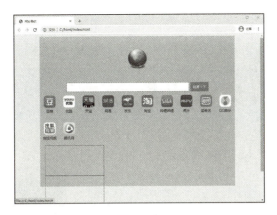

图 6-23

> **知识解读**
>
> ● overflow 在浮动布局中的运用
>
> 元素一旦设置了浮动属性，便会脱离文档流，漂浮在其他元素上方，不占用文档流相应的空间，这会导致本来在下面的元素，占用了原来浮动元素的位置。
>
> 为了避免浮动的元素漂浮在其他元素上方，常用的一个方法就是为浮动元素的父元素设置 overflow:auto 或者设置其他的非默认的 overflow:visible 的值。当父元素的 overflow 属性设置为 auto，父元素把任何子元素都包含进去，其中就包含了浮动的元素。

（5）为应用卡片 <div class="widget"> 设置 float:left，同时为父元素<div class="widget-list">设置 overflow:auto，如图 6-21 所示。

参考 CSS 代码如下。

```
1. .widget-list {
2.   overflow:auto;
3. }
4. .widget-list .widget {
5.   width:240px;
6.   height:120px;
7.   margin-left:20px;
8.   border:1px solid #333;
9.   float:left;
10. }
```

任务 4 热门资讯应用卡片

【任务描述】

完成热门资讯卡片的效果，如图 6-24 所示。
(1) 设置蓝色渐变背景。
(2) 设置卡片标题样式。
(3) 使用无序列表实现咨讯列表。
(4) 设置资讯列表分割线。

图 6-24

【实现步骤】

(1) 在<div class="widget-list">中的第一个<div class="widget">中添加类名 news，并在里面新增一个类名为 title 的 div，如图 6-25 所示。

参考 HTML 代码如下。

```
1.<divclass="widget news">
2.    <divclass="title">热门资讯</div>
3.</div>
```

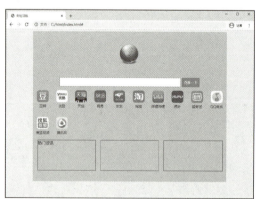

图 6-25

(2) 在<div class="widget">中添加一个无序列表，并设置类名为 news-list，同时通过<li>标签实现资讯链接列表，如图 6-26 所示。

参考 HTML 代码如下。

```
1.<divclass="widget news">
2.    <div class="title">热门资讯</div>
3.    <div>
4.        <ul>
5.            <li><a href="#">运动新潮流引领新风尚</a></li>
6.            <li><a href="#">南京樱花城墙美出天际</a></li>
7.            <li><a href="#">5G手杨驱动市场新增长</a></li>
8.            <li><a href="#">贵州毕节百里杜鹃花海</a></li>
9.        </ul>
10.    </div>
11.</div>
```

图 6-26

（3）通过"background：linear-gradient（#0089ff，#4eadff）；"为应用卡片设置渐变的背景颜色，如图6-27所示。

参考CSS代码如下。

```
1..news {
2.    background:linear-gradient(#0089ff,#4eadff);
3.}
```

图 6-27

知识解读

• linear-gradient

CSS linear-gradient（）函数用于创建一个表示两种或多种颜色线性渐变的图片。

当 linear-gradient( ) 含有两个参数的时候，指的是元素从参数一的颜色渐变到参数二指定的颜色，如上文中的 linear-gradient(#0089ff, #4eadff) 指的是从颜色在#0089ff 到#4eadff 之间渐变。

（4）设置"热门资讯"标题的字号、颜色、边距等，如图 6-28 所示。

参考 CSS 代码如下。

```
1. .news .title {
2.   color:#FFF;
3.   font-size:14px;
4.   padding:3px 10px;
5. }
```

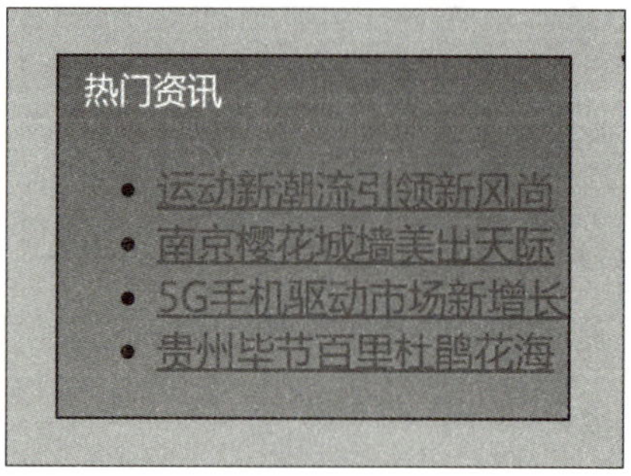

图 6-28

（5）设置资讯列表的文字颜色、大小、样式，如图 6-29 所示。

参考 CSS 代码如下。

```
1. .news ul li a {
2.   color:#FCFCFC;
3.   text-decoration:none;
4.   font-size:14px;
5. }
```

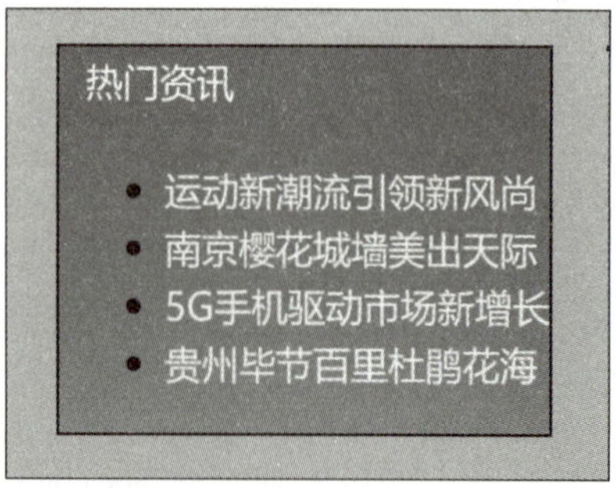

图 6-29

（6）通过 padding:0 10px 调整资讯列表<ul>标签的内边距，为 ul 设置 margin:0 属性，移除

ul 自带的外边距，如图 6-30 所示。

参考 CSS 代码如下。

```
1. .news ul {
2.     padding:0 10px;
3.     margin:0;
4. }
```

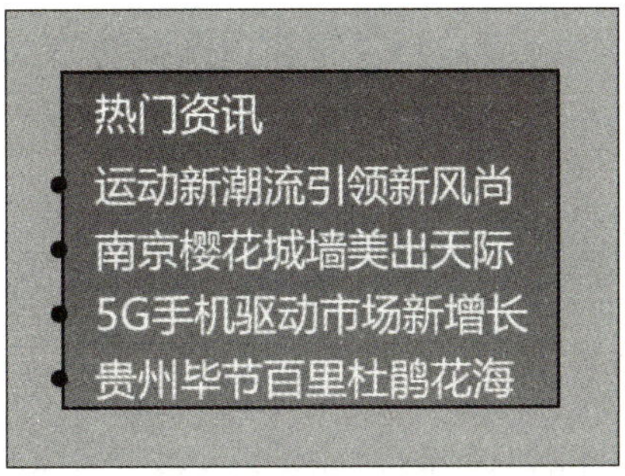

图 6-30

（7）在资讯列表 .news ul li 中设置 list-style:none 属性，取消资讯列表前面的项目符号黑点，并设置下边分隔线，如图 6-31 所示。

参考 CSS 代码如下。

```
1. .news ul li {
2.     list-style:none;
3.     border-bottom:1px solid #DDD;
4. }
```

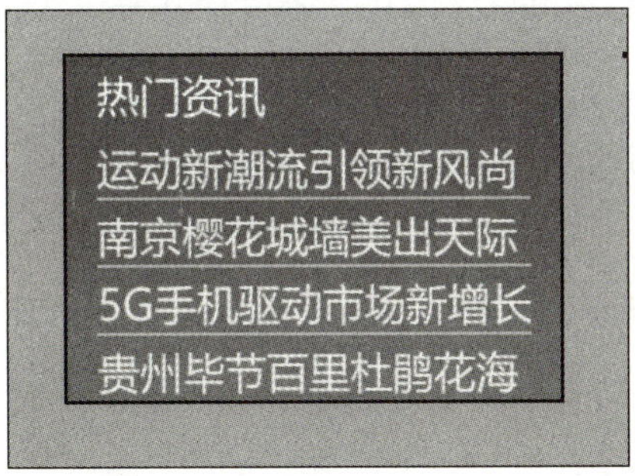

图 6-31

（8）通过 :last-child 取消最后一条链接的分隔线，如图 6-32 所示。

参考 CSS 代码如下。

```
1. .news ul li:last-child {
2.     border:0;
3. }
```

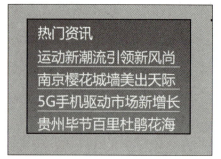

图 6-32

> **知识解读**
>
> ● :last-child
>
> :last-child CSS 伪类代表父元素的最后一个子元素。
>
> 上述代码通过 .news ul li:last-child 选择器，选中了 ul 中最后一个 li。
>
> 除此之外，还可以通过 :nth-child(n) 伪类选中父元素中的第 n 个子元素。

（9）取消原来为了方便调试，给应用卡片添加的边框，同时通过 border-radius:5px 位置圆角边框，美化应用卡片，如图 6-33 所示。

参考 CSS 代码如下。

```
1. .widget-list .widget {
2.     width:240px;
3.     height:120px;
4.     margin-left:20px;
5.     border-radius:5px;
6.     float:left;
7. }
```

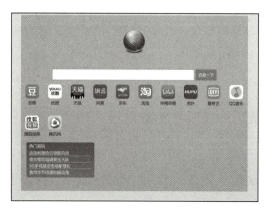

图 6-33

任务 5　天气预报应用卡片

【任务描述】

完成天气预报应用卡片，如图 6-34 所示。
（1）设置适当的背景渐变效果。
（2）设置天气详情的 HTML 结构。
（3）为天气详情设置恰当的样式。

图 6-34

【实现步骤】

（1）在 \<div class="widget-list"\> 中的第二个 \<div class="widget"\> 添加类名 weather，并设置渐变背景，如图 6-35 所示。

参考 HTML 代码如下。

```
1. <divclass="widget weather">
2. </div>
```

操作视频

参考 CSS 代码如下。

```
1. .weather {
2.   background:linear-gradient(to right bottom, #2cebff, #4eadff);
3. }
```

图 6-35

知识解读

- linear-gradient 设置渐变方向

linear-gradient 中的参数，除了可以设置渐变的起止颜色，还可以设置渐变的方向。通过"to+方向词"，可以指定渐变的方向，如 to right bottom 指颜色从左上角到右下角渐变。

除此之外，还可以通过角度值指定渐变的方向，如"linear-gradient(45deg, blue, red);"，指的是渐变轴为45°，从蓝色渐变到红色。

(2)设置卡片的标题，并设置字体的大小、颜色以及边距，如图6-36所示。

参考HTML代码如下。

```
1.<div class="widget weather">
2.    <div class="title">天气预报</div>
3.</div>
```

参考CSS代码如下。

```
1..weather .title {
2.    color:#FFF;
3.    font-size:14px;
4.    padding:3px 10px;
5.}
```

图6-36

(3)在<div class="widget weather">中添加类名为details的div，里面再放置3个类名为weather-item的div，用于显示最近3天的天气。

参考HTML代码如下。

```
1.<divclass="widget weather">
2.    <divclass="title">天气预报</div>
3.    <divclass="details">
4.        <divclass="weather-item"></div>
5.        <divclass="weather-item"></div>
6.        <divclass="weather-item"></div>
7.    </div>
8.</div>
```

(4)在<div class="weather-item">增加类名为weather-icon和cloudy的<i>标签显示天气图标，3个<div>标签分别用于显示天气状态、气温及日期，如图6-37所示。

参考HTML代码如下。

```
1. <divclass="weather-item">
2.     <i class="weather-icon cloudy"></i>
3.     <div>多云</div>
4.     <div>18~26℃</div>
5.     <div>3/21</div>
6. </div>
```

图 6-37

(5) 设置<i class="weather-icon cloudy">的样式，通过.weather-icon选择器设定宽高、背景属性，再通过.cloudy选择器设定"cloudy.png"图片作为背景，如图6-38所示。

参考CSS代码如下。

```
1. .weather-icon {
2.     display:block;
3.     margin:0 auto;
4.     width:30px;
5.     height:30px;
6.     background-size:cover;
7.     background-repeat:no-repeat;
8. }
9. .weather-icon.cloudy {
10.     background-image:url('./images/weather/cloudy.png');
11. }
```

图 6-38

(6) 在卡片中需要放置 3 天的天气，因此，将三个 <div class="weather-item"> 的宽度设置为 33.33%，向左浮动 float:left，同时按照上面格式，补充另外两天天气的详情，如图 6-39 所示。

参考 HTML 代码。

```
1. <divclass="details">
2.     <div class="weather-item">
3.         <i class="weather-icon cloudy"></i>
4.         <div>多云</div>
5.         <div>18~26℃</div>
6.         <div>3/21</div>
7.     </div>
8.     <div class="weather-item">
9.         <i class="weather-icon rainy"></i>
10.        <div>小雨</div>
11.        <div>12~22℃</div>
12.        <div>3/22</div>
13.    </div>
14.    <div class="weather-item">
15.        <i class="weather-icon sunny"></i>
16.        <div>晴</div>
17.        <div>21~29%</div>
18.        <div>3/23</div>
19.    </div>
20. </div>
```

参考 CSS 代码如下。

```
1. .weather-item {
2.     width:33.33%;
3.     float:left;
4. }
```

图 6-39

(7)继续完善"小雨""晴"的天气状态图标,如图6-40所示。

参考CSS代码如下。

```
1. .weather-icon.cloudy {
2.   background-image:url('./images/weather/cloudy.png');
3. }
4. .weather-icon.rainy {
5.   background-image:url('./images/weather/rainy.png');
6. }
7. .weather-icon.sunny {
8.   background-image:url('./images/weather/sunny.png');
9. }
```

图 6-40

> **知识解读**
>
> • CSS 中的交集选择器
>
> 上文中用到的 .weather-icon.sunny 选择器为交集选择器,与后代选择器不同,交集选择器的两个选择器之间没有空格,而是直接连在一起,特指某个元素既是 weather-icon 又是 sunny 类。
>
> 任务中,把天气图标共有的特点,如大小、背景重复形式、背景尺寸等属性通过 .weather-icon 选择器统一设置,并通过 .cloudy、.rainy、.sunny 等选择器,设置专门的天气图标。交集选择器常用在这种场景中,这种做法提高了代码的可复用度,同时提高了开发调试的效率。

(8)设置<div class="weather-item">中div的文字大小、颜色等属性,如图6-41所示。

参考CSS代码如下。

```
1. .weather-item div {
2.   text-align:center;
3.   font-size:14px;
```

```
4.    color:#FFF;
5.  }
```

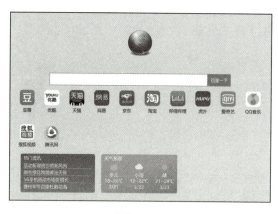

图 6-41

任务 6 证券行情应用卡片

【任务描述】

完成证券行情应用卡片，如图 6-42 所示。
(1) 设置适当的背景效果。
(2) 创建证券行情表格 HTML 结构。
(3) 设置"上涨""下跌"的 CSS 属性。

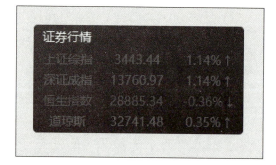

图 6-42

【实现步骤】

(1) 将<div class = " widget-list " >中第三个<div class = " widget " >添加类名 security，并设置渐变背景，如图 6-43 所示。

操作视频

参考 HTML 代码如下。

```
1. <divclass = "widget security">
2. </div>
```

参考 CSS 代码如下。

```
1. .security {
2.   background:linear-gradient(168deg, #5a3b00, black);
3. }
```

图 6-43

(2)在<div class="widget security">中设置卡片的标题,并设置文字的大小、颜色及边距,如图 6-44 所示。

参考 HTML 代码如下。

```
1.<divclass="widget security">
2.    <divclass="title">证券行情</div>
3.</div>
```

参考 CSS 代码如下。

```
1..security.title {
2.    color:#FFF;
3.    font-size:14px;
4.    padding:3px 10px;
5.}
```

图 6-44

(3)在<div class="widget security">中添加一个表格,表格中包含多项证券数据,如图 6-45 所示。

参考 HTML 代码如下。

```
1.<divclass="widget security">
2.    <div class="title">证券行情</div>
3.    <table>
```

```
4.      <tr>
5.          <td>上证综指</td>
6.          <td>3443.44</td>
7.          <td>1.14% ↑</td>
8.      </tr>
9.      <tr>
10.         <td>深证成指</td>
11.         <td>13760.97</td>
12.         <td>1.14% ↑</td>
13.     </tr>
14.     <tr>
15.         <td>恒生指数</td>
16.         <td>28885.34</td>
17.         <td>-0.36% ↓</td>
18.     </tr>
19.     <tr>
20.         <td>道琼斯</td>
21.         <td>32741.48</td>
22.         <td>0.35% ↑</td>
23.     </tr>
24. </table>
25.</div>
```

图 6-45

知识解读

• 表格的标签组成

表格可以灵活地实现列表的内容展示，可以自动将表中的内容对齐，因此十分适用数据展示的场景。

表格通过<table>标签定义。表格中包含行和列。其中，表格的行通过<tr>标签表示，tr 是 table row 的缩写，顾名思义为表格的行。而行中的每个单元格通过<td>标签表示，td 是 table data 的缩写，表示用于存放数据。如果是表头的一行，表头的每个单元格还可以用<th>标签来表示，th 是 table head 的缩写，顾名思义就是表头的意思，浏览器默认会给<th>标签中的字体加粗。

（4）设置表格宽度为 100%，调整表格中文字的颜色、大小、居中，如图 6-46 所示。

参考 CSS 代码如下。

```
1..security table {
2.   width:100% ;
3. }
4..security table tr td {
5.   color:#FFF;
6.   font-size:14px;
7.   text-align:center;
8. }
```

图 6-46

（5）添加 .security .increase td 和 .security .decrease td，分别表示上涨和下跌的颜色红色和绿色，并在表格中对应的行加上适当的类名，如图 6-47 所示。

参考 CSS 代码如下。

```
1..security .increase td {
2.   color:red! important;
3. }
4..security .decrease td {
5.   color:green! important;
6. }
```

参考 HTML 代码如下。

```
1.<table>
2.    <tr class="increase">
3.        <td>上证综指</td>
```

```
4.        <td>3443.44</td>
5.        <td>1.14%  ↑</td>
6.     </tr>
7.     <tr class="increase">
8.        <td>深证成指</td>
9.        <td>13760.97</td>
10.        <td>1.14%  ↑</td>
11.     </tr>
12.     <tr class="decrease">
13.        <td>恒生指数</td>
14.        <td>28885.34</td>
15.        <td>-0.36%  ↓</td>
16.     </tr>
17.     <tr class="increase">
18.        <td>道琼斯</td>
19.        <td>32741.48</td>
20.        <td>0.35%  ↑</td>
21.     </tr>
22. </table>
```

图 6-47

知识解读

- 样式添加!important 规则

当在一个样式声明中使用一个!important 规则时，此声明将覆盖任何其他声明。当希望某些场景下样式保持一致，不被其他 CSS 设置影响时，设置!important 规则是一种很好的解决方案。然而，设置!important 规则会影响其他 CSS 的设置，因此不应该随便使用!important 规则来设置 CSS 样式，而是尽可能优先考虑根据 CSS 的优先级特性来设置样式。

（6）去除原先在 .container 选择器中设置的背景，整个项目完成，如图 6-48 所示。

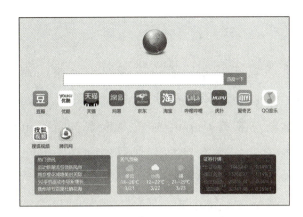

图 6-48

【项目总结】

本项目讲述了实现页面背景和搜索框、网址图标列表、底部应用卡片、热门资讯应用卡片、天气预报应用卡片、证券行情应用卡片等方面的应用过程。通过对本项目的学习，学生掌握元素浮动在页面布局中的运用，同时熟悉浮动元素的特点，理解浮动元素与标准文档流的关系，通过正确的方法处理浮动元素脱离标准文档流的问题。

【拓展与提高】

任务 1

【任务描述】

去除搜索框与搜索按钮之间存在的空隙，并在输入框左侧显示搜索词，如图 6-49 所示。

（1）将搜索框与搜索按钮的父元素字体大小设置为 0，去除它们之间的空隙。

（2）添加搜索图标，通过绝对定位将图标移到搜索输入框左侧。

（3）为输入框设置内边距，避免输入的文字覆盖在图标上方。

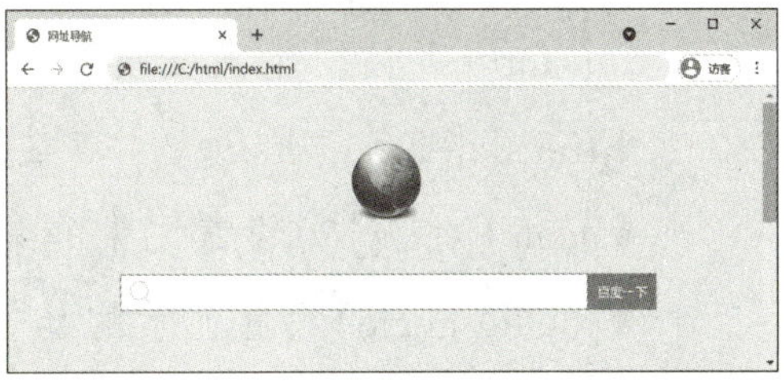

图 6-49

知识解读

• 行内元素间的空格

默认情况下，行内元素或文字之间无论有多少个空格，浏览器都只显示出一个空格，如果需要多个空格，可以通过转义符号   来实现。

上面的例子中，由于搜索框的<input>标签及搜索按钮<button>标签都是行内元素，因此在代码中如果两个标签之间存在空格，页面中也会出现一个空格。将字体大小设置为0，此时即便存在空格，也不会显示出来。

任务 2

【任务描述】

为了提升页面的交互性，将鼠标指针移到图标上面时，图标尺寸变为原来的1.2倍，放大的过程具有一定的过渡效果，如图 6-50 所示。

(1) 添加伪类，当鼠标指针移到图标上方时图标变大。

(2) 添加设置过度时间为 0.8s，使图标放大的过程平滑过度。

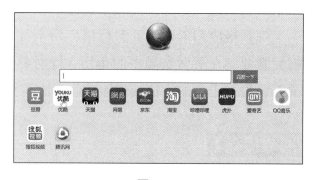

图 6-50

知识解读

• transform 属性

transform 属性用于实现元素的 2D 或 3D 变换，常用的 transform 函数有以下几种：

◆ translate(x,y) 通过 x,y 参数设置元素位移。

◆ scale(x[,y]?) 设置元素的缩放比例，长和宽可以分别设置。

◆ rotate(angle) 设置元素的旋转角度。

◆ skew(x-angle,y-angle) 设置元素沿着 x 和 y 轴的倾斜转换。

• transition 属性

transition 属性设置元素过渡效果，可以设置4个属性值，是以下4个属性的缩写：

◆ transition-property 为需要设置过渡效果的属性，默认为 all，即所有变化的属性都有过渡效果。

◆transition-duration 为过渡持续时间，单位可以是秒或毫秒，默认为 0，即没有过渡效果。

◆transition-timing-function 为过渡效果函数。

◆transition-delay 为过渡效果开始出现的时间，可以是秒或毫秒，默认为 0，即马上开始过渡，不延迟。

任务 3

【任务描述】

当鼠标指针移到卡片上时，在卡片的右侧及下方出现细微的阴影效果，提高卡片的立体感，如图 6-51 所示。

(1) 为卡片添加 hover 伪类，当鼠标指针移到卡片上方时显示阴影。

(2) 设置阴影出现的时间为 0.8s，过度速度逐渐变快。

图 6-51

PROJECT 7 项目 7

后台管理网站

项目概述

基于 B/S(Browser/Server，浏览器/服务器)架构的后台管理系统具有灵活快捷，无须安装客户端便可使用的特点，在软件开发领域越来越受欢迎。本项目重点介绍了 B/S 架构中，浏览器端(B 端)网页代码的实现，主要采用 CSS 弹性盒子布局技术。通过本项目的学习，学生可以加深对后台界面开发的认知，加深对弹性盒子布局的理解与运用，最终实现后台登录页面及管理页面，如图 7-1 所示。

图 7-1

【知识准备】

1. CSS3 弹性盒子(Flex Box)

弹性盒子(Flexible Box)是 CSS3 的一种新的布局模式,是一种当页面需要适应不同的屏幕大小以及设备类型时确保元素拥有恰当的行为的布局方式。

引入弹性盒布局模型的目的是提供一种更加有效的方式来对一个容器中的子元素进行排列、对齐和分配空白空间。

如下代码展示了一个基本的弹性盒子:

```
1. <!DOCTYPEhtml>
2. <html>
3. <head>
4. <style>
5. .flex-container {
6.   display:-webkit-flex;
7.   display:flex;
8.   width:400px;
9.   height:250px;
10.  background-color:lightgrey;
11. }
12.
13. .flex-item {
14.  background-color:cornflowerblue;
15.  width:100px;
16.  height:100px;
17.  margin:10px;
18. }
19. </style>
20. </head>
21. <body>
22.
23. <div class="flex-container">
24. <div class="flex-item">flex item 1</div>
25. <div class="flex-item">flex item 2</div>
26. <div class="flex-item">flex item 3</div>
27. </div>
28.
29. </body>
30. </html>
```

弹性盒子由弹性容器（Flex container）和弹性元素（Flex item）组成。

弹性容器通过设置 display 属性的值为 flex 或 inline-flex 来定义。弹性容器的子元素称为弹性元素，一个弹性容器可以包含一个或多个弹性元素，如图 7-2 所示。

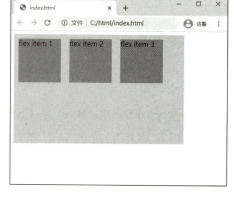

图 7-2

2. 指定弹性元素的排列方向

弹性容器有主轴和交叉轴的概念，主轴的方向由 flex-direction 属性决定，它指定了弹性元素在父容器中的位置，而交叉轴的方向垂直于主轴的方向。

flex-direction 属性可以有以下属性：

- row（默认值）

flex 容器的主轴被定义为水平方向，元素的排列方向与行内元素类似。

- row-reverse

表现和 row 相同，但是置换了主轴起点和主轴终点。

- column

flex 容器的主轴被定义为垂直方向，元素的排列方向与块级元素类似。

- column-reverse

表现和 column 相同，但是置换了主轴起点和主轴终点。

主轴的方向如果选择了 row 或者 row-reverse，主轴将像行内元素一样，在水平方向延伸，此时交叉轴为垂直方向，如图 7-3 所示。

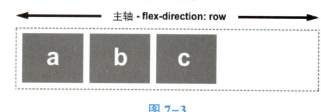

图 7-3

选择 column 或者 column-reverse 时，主轴将像块级元素一样，在垂直方向延伸，此时交叉轴为水平方向，如图 7-4 所示。

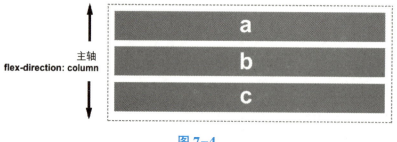

图 7-4

3. 弹性元素换行显示

弹性元素通常在弹性盒子内一行显示，默认情况每个容器只有一行，当一行的空间不足以容纳每个弹性元素时，每个弹性元素会缩放显示，如图 7-5 所示。

可以通过 flex-wrap 属性来指定弹性元素是否换行，flex-wrap 属性有以下可选的取值：

- nowrap

弹性元素被摆放到一行，这可能导致溢出 flex 容器。

- wrap

当宽度不足时，弹性元素会自动换行到下一行。

- wrap-reverse

和 wrap 的行为一样，只不过各个元素逆序排列。

参考 HTML 代码如下。

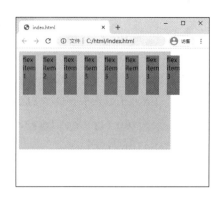

图 7-5

```
1. <body>
2.   <h4>例 1:flex-wrap:wrap </h4>
3.   <div class="content">
4.     <div>1</div>
5.     <div>2</div>
6.     <div>3</div>
7.   </div>
8.   <h4>例 2:flex-wrap:nowrap </h4>
9.   <div class="content1">
10.    <div>1</div>
11.    <div>2</div>
12.    <div>3</div>
13.  </div>
14.  <h4>例 3:flex-wrap:wrap-reverse </h4>
15.  <div class="content2">
16.    <div>1</div>
17.    <div>2</div>
18.    <div>3</div>
19.  </div>
20. </body>
```

参考 CSS 代码如下。

```
1./* 共用样式*/
2..content,.content1,.content2 {
3.  display:flex;
4.  color:#fff;
5.  font-size:24px;
6.  line-height:50px;
7.  text-align:center;
```

```
8. }
9.
10. .content div, .content1 div, .content2 div {
11.     background-color:#DDD;
12.     border:1px solid #333;
13.     height:50px;
14.     width:200px;
15. }
16.
17. /* 弹性合子样式*/
18. .content {
19.     flex-wrap:wrap;
20. }
21.
22. .content1 {
23.     flex-wrap:nowrap;
24. }
25.
26. .content2 {
27.     flex-wrap:wrap-reverse;
28. }
```

以上代码展示了 flex-wrap 的 3 种属性值的显示效果，如图 7-6 所示。

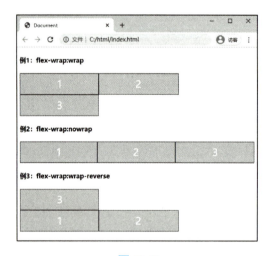

图 7-6

任务 1　登录页面

【任务描述】

完成页面背景设置及登录框，如图 7-7 所示。
(1) 设置页面背景。
(2) 实现登录框。
(3) 美化登录表单的输入框及按钮。

图 7-7

【实现步骤】

(1) 创建一个新的 HTML 文档，在 style 标签中设置<html>和<body>标签的高度为 100%，消除<body>标签自带的 8px 的外边距，设置背景颜色，并将 body 标签设置为弹性盒子，如图 7-8 所示。

参考 HTML 代码如下。

操作视频

```
1. <!DOCTYPEhtml>
2. <html>
3.
4. <head>
5. <meta charset="UTF-8">
6. <title>系统后台登录</title>
7. <style>
8. html,
9. body {
10.    height:100% ;
11.    width:100% ;
12. }
13. body {
14.    margin:0;
15.    background-color:#EFEFEF;
16.    display:flex;
17. }
18. </style>
19. </head>
```

```
20.
21. <body>
22. </body>
23.
24. </html>
```

图 7-8

> **知识解读**
>
> - 设置<html>和<body>标签的宽高为浏览器窗口大小
>
> 默认情况下，<html>和<body>标签都是块级元素，当不设置块级元素的宽高时，块级元素的宽度为浏览器窗口的宽度，即100%，而高度为标签中内容撑开的实际高度。因此，当希望背景颜色是全屏显示的时候，需要将<html>和<body>标签的高度设置为100%，这样在<body>标签内容为空的情况下，才能全屏显示背景颜色。

（2）创建一个类名为 login-box 的<div>作为登录框，设置适当的宽高及白色背景，如图 7-9 所示。

参考 HTML 代码如下。

```
1. <body>
2. <div class="login-box"></div>
3. </body>
```

参考 CSS 代码如下。

```
1. .login-box {
2.   background-color:#FFF;
3.   width:350px;
4.   height:400px;
5. }
```

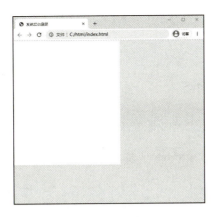

图 7-9

（3）为<body>标签添加"justify-content:center;align-items:center;"属性，使登录框在页面居中，如图 7-10 所示。

参考 CSS 代码如下。

```
1.body {
2.   margin:0;
3.   background-color:#EFEFEF;
4.   display:flex;
5.   justify-content:center;
6.   align-items:center;
7. }
```

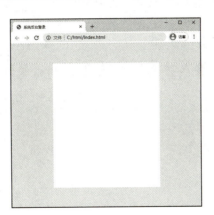

图 7-10

（4）在<div class="login-box">中放置 4 个 div，<div class="title">用来放置登录框标题；3 个<div class="input-box">，分别用来放置用户名输入、密码输入及登录按钮，如图 7-11 所示。

参考 HTML 代码如下。

```
1.<div class="login-box">
2.   <div class="title">系统后台登录</div>
3.   <div class="input-box">
```

```
4.     <input type="text">
5.   </div>
6.   <div class="input-box">
7.     <input type="password">
8.   </div>
9.   <div class="input-box">
10.    <input type="button" value="登录">
11.  </div>
12. </div>
```

图 7-11

> **知识解读**
>
> • \<input\>标签的几种类型
>
> \<input\>标签为用户提供输入功能，可以通过 type 属性设置不同类型的输入框。常用的 type 类型有以下几种：
>
> ◆ text：默认，文本输入。
>
> ◆ password：密码输入。
>
> ◆ radio：单选框。
>
> ◆ checkbox：多选框。
>
> ◆ button：按钮。

（5）设置整体内容居中，设置标题字体样式，设置输入框及按钮大小、圆角、边框颜色，如图 7-12 所示。

参考 CSS 代码如下。

```
1. .login-box {
2.   background-color:#FFF;
3.   width:350px;
```

```
4.    height:400px;
5.    text-align:center;
6. }
7. .login-box .title {
8.    font-size:20px;
9.    font-weight:bold;
10.   padding:30px 0;
11. }
12. .input-box {
13.    margin:20px 0;
14. }
15. .input-box input{
16.    padding:10px 15px;
17.    width:240px;
18.    border:1px solid #DDD;
19.    border-radius:5px;
20. }
```

图 7-12

（6）美化登录按钮，为登录按钮添加 id = "login-btn" 属性，通过以下 CSS 属性为其设置适当的宽度，背景颜色，边框颜色及字体颜色，如图 7-17 所示。

参考 CSS 代码如下。

```
1. #login-btn {
2.    width:270px;
3.    background-color:#34a0ff;
4.    border:#34a0ff;
5.    color:#FFF;
6. }
```

任务 2　页面总体布局

【任务描述】

使用弹性布局完成页面设计，包含顶部导航栏，左侧菜单栏及右侧页面主体三大部分，如图 7-13 所示。

(1)完成页面布局的 HTML 结构。

(2)使用 flex 相关属性为页面布局。

(3)设置相关的文字及背景颜色。

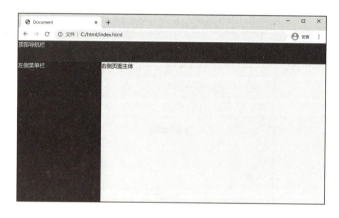

图 7-13

【实现步骤】

(1)新建一个 index.html 文件，并在 <body> 标签中创建如下的 HTML 结构，如图 7-14 所示。

参考 HTML 代码如下。

```
1. <!DOCTYPE html>
2. <html lang="en">
3. <head>
4.     <meta charset="UTF-8">
5.     <title>Document</title>
6. </head>
7. <body>
8.     <div class="wrapper">
```

```
9.<div class="nav">
10.            顶部导航栏
11.        </div>
12.        <div class="page-main">
13.            <div class="aside">
14.                左侧菜单栏
15.            </div>
16.            <div class="main">
17.                右侧页面主体
18.            </div>
19.        </div>
20.    </div>
21.</body>
22.</html>
```

图 7-14

知识解读

<div>标签是一个典型的块级元素,在没有设置 CSS 样式的情况下,块级元素的宽度为 100%,高度由元素中的内容决定,没有内容则高度为 0。因此,上述 HTML 结构,在没有设置任何 CSS 样式的情况下,每个<div>都单独一行显示。

上面的 HTML 结构中,<div class="wrapper">用于放置整个页面,其中<div class="nav">用于实现顶部导航栏,<div class="page-main">用于放置页面主体部分,<div class="aside">用于实现左侧菜单栏,<div class="main">用于实现右侧主题内容页面。

(2)添加 CSS 属性,设置<html>、<body>、<div class="wrapper">的高度为 100%,为了体现差别,将<div class="wrapper">的背景颜色设置为 #EFEFEF,如图 7-15 所示。

参考 CSS 代码如下。

```
1.<style>
2.html, body {
3.  height:100% ;
4. }
5..wrapper {
6.  height:100% ;
7.  background-color:#EFEFEF;
8. }
9.</style>
```

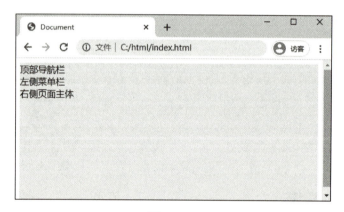

图 7-15

（3）为<body>添加 CSS 规则 margin:0，用于清除<body>自带的外边距，如图 7-16 所示。参考 CSS 代码如下。

```
1.html, body {
2.  height:100% ;
3.  margin:0;
4. }
```

图 7-16

> **知识解读**
>
> 浏览器为不同的 HTML 标签设置了一些默认样式（User Agent Stylesheet），这便是不同标签展现形式各不相同的原因。浏览器默认情况下为 `<body>` 标签设置了 8px 的外边距，正如上一步的结果所示，浏览器窗口与 `<body>` 之间存在一条间隙，需要自行设置 margin:0 来清除浏览器的默认样式。
>
> 不同浏览器为每个标签提供的默认样式有可能是不同的，因此，在开发中通常会重置各种标签的内外边距等属性，在需要的时候重新定义，以确保在每个浏览器中显示的效果一致。Normalize.css 是一个常用的 CSS 库，它可以实现各种标签的样式重置，使页面在不同浏览器中的显示效果一致。

（4）设置导航栏 `<div class="nav">` 的高度、背景颜色及字体颜色，如图 7-17 所示。

参考 CSS 代码如下。

```css
1. .wrapper .nav {
2.     height:60px;
3.     background-color:#333;
4.     color:#FFF;
5. }
```

图 7-17

（5）将 `<div class="page-main">` 设置为弹性容器，并且设置"flex-direction:column;"属性，使左侧菜单栏和右侧页面主体两个 `<div>` 在同一行显示，设置其背景颜色为白色，如图 7-18 所示。

参考 CSS 代码如下。

```css
1. .wrapper .page-main {
2.     display:flex;
3.     flex-direction:row;
4.     background-color:#FFF;
5. }
```

图 7-18

（6）将<div class="page-main">的父元素<div class="wrapper">也设置为弹性容器，且设置 flex-direction:column，并为<div class="page-main">添加 flex-grow:1，使<div class="page-main">占满余下的页面空间，如图 7-19 所示。

参考 CSS 代码如下。

```
1. .wrapper {
2.    height:100%;
3.    background-color:#EFEFEF;
4.    display:flex;
5.    flex-direction:column;
6. }
7. .wrapper .page-main {
8.    display:flex;
9.    flex-direction:row;
10.   background-color:#FFF;
11.   flex-grow:1;
12. }
```

图 7-19

> **知识解读**
>
> • flex-grow 属性
>
> flex-grow 属性可以设置一个弹性元素尺寸的增长系数，它的取值为数字，默认为0。默认情况下，即便弹性容器有剩余空间，任何一个弹性元素都不会自动放大，去占用弹性容器剩余的空间。可以通过 flex-grow 属性来设置一个弹性元素占用其父弹性容器剩余空间的比例。浏览器会根据已设置 flex-grow 属性的弹性元素的值，按比例将弹性父容器中的剩余空间分配给这些弹性子元素。
>
> 上面的例子中，<div class="page-main">只有一个子元素设置了 flex-grow 属性，因此浏览器把<div class="page-main">所有剩余的分配给<div class="page-main">。

（7）为了区分左侧菜单栏和右侧页面主体的界限，为他们设置不同的字体颜色，将左侧菜单栏<div class="aside">的文字颜色设置为白色，如图7-20所示。

参考CSS代码如下。

```css
1. .wrapper .page-main .aside {
2.   background-color:#1c2b36;
3.   color:#FFF;
4. }
5. .wrapper .page-main .main {
6.   background-color:#f4f6f9;
7. }
```

图 7-20

（8）设置左边菜单栏的宽度为250px，右侧页面主体的宽度占满右侧剩余的宽度，如图7-13所示。

参考CSS代码如下。

```
1..wrapper .page-main .aside {
2.    background-color:#1c2b36;
3.    color:#FFF;
4.    width:250px;
5. }
6..wrapper .page-main .main {
7.    background-color:#f4f6f9;
8.    flex-grow:1;
9. }
```

任务 3　顶部导航栏

【任务描述】

完成顶部导航栏，包含标题、导航链接及下拉菜单 3 个部分，如图 7-21 所示。

（1）实现顶部导航栏的整体 HTML 结构。

（2）完成 Logo 标题的样式。

（3）实现导航链接菜单。

（4）实现右侧个人信息菜单及下拉菜单。

图 7-21

【实现步骤】

（1）在 <div class="nav"> 中完成基本的 HTML 结构，<div class="nav-title"> 用于左侧的标题文字，<div class="nav-link"> 用于中间的导航链接，<div class="nav-info"> 用于右侧的个人信息菜单，如图 7-22 所示。

参考 HTML 代码如下。

```
1. <divclass="nav">
2.   <div class="nav-title">后台管理系统</div>
3.   <div class="nav-link">
4.     <a href="#">网站首页</a>
5.     <a href="#">个人后台</a>
6.     <a href="#">企业后台</a>
7.     <a href="#">学校后台</a>
8.   </div>
9.   <div class="nav-info">
10.     欢迎您,Admin
11.   </div>
12. </div>
```

（2）将<div class="nav">设置为弹性容器，且设置 flex-direction:row，使里面的 3 个弹性元素在一行显示。为<div class="nav-link">设置 flex-grow:1，使其占满弹性容器中的空白部分，如图 7-23 所示。

参考 CSS 代码如下。

图 7-22

```
1. .nav {
2.   display:flex;
3.   flex-direction:row;
4. }
5. .nav-link {
6.   flex-grow:1;
7. }
```

图 7-23

（3）设置<div class="nav-title">的行高、字体大小、字体加粗及内边距，如图 7-24 所示。参考 CSS 代码如下。

```
1. .nav-title {
2.     line-height:60px;
3.     font-size:20px;
4.     font-weight:bolder;
5.     padding:0 30px;
6. }
```

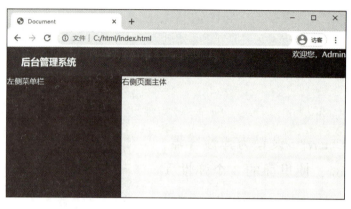

图 7-24

知识解读

• line-height 属性

line-height 属性通常用于设置文字等多行元素的行高，而对于块级元素，它的取值可以是数字、长度或百分比。推荐使用数字作为 line-height 属性的取值，当 line-height 的取值为数字时，line-height 的值为该数字值乘以该元素的字号。

除此之外，指定固定的长度也是 line-height 属性常用的设置方法，可以为文字设置与父元素高度一致的值，使文字呈现垂直居中。

（4）将 <div class="nav-link"> 中的 <a> 标签设置行高，文字颜色、大小、装饰以及内边距，如图 7-25 所示。

参考 CSS 代码如下。

```
1. .nav-link a {
2.     line-height:60px;
3.     color:#CCC;
4.     font-size:18px;
5.     text-decoration:none;
6.     padding:10px;
7. }
```

图 7-25

(5) 添加 .nav-link a.active CSS 选择器，设置该选择器选中的元素文字颜色为白色。此时，在<div class="nav-link">中，在需要选中的<a>标签加上 class="active"，该链接便可以高亮显示出来，如图 7-26 所示。

参考 CSS 代码如下。

```
1. .nav-link a.active {
2.    color:#FFF;
3. }
```

参考 HTML 代码如下。

```
1. <divclass="nav-link">
2.   <a href="#">网站首页</a>
3.   <a href="#" class="active">个人后台</a>
4.   <a href="#">企业后台</a>
5.   <a href="#">学校后台</a>
6. </div>
```

图 7-26

> **知识解读**
>
> ● CSS 的交集选择器
>
> 交集选择器是 CSS 的复合选择器中的一种，它的语法格式是选择器之间没有任何空格或字符，表示能够满足多个选择器同时选择的元素。例如，上面例子中的 a.active 选择器，由标签选择器 a 以及类选择器 .active 结合而成，表示一个元素既是<a>标签，又设置有类名 active，即 <a class="active">。

（6）设置<div class="nav-info">的行高以及内边距，如图 7-27 所示。

参考 CSS 代码如下。

```
1. .nav-info {
2.     line-height:60px;
3.     padding:0 30px;
4. }
```

图 7-27

（7）在<div class="nav-info">中添加<div class="nav-info-box">，里面包含一个链接列表，用于实现个人信息的下拉菜单。将<div class="nav-info-box">设置为绝对定位，并且设置 z-index 值使它显示出来，如图 7-22 所示。

参考 HTML 代码如下。

```
1. <div class="nav-info">
2.     欢迎您,Admin
3.     <div class="nav-info-box">
4.         <ul>
5.             <li><a href="#">个人中心</a></li>
6.             <li><a href="#">修改密码</a></li>
7.             <li><a href="#">注销</a></li>
8.         </ul>
9.     </div>
10. </div>
```

参考 CSS 代码如下。

```
1. .nav-info .nav-info-box {
2.    position:absolute;
3.    z-index:90;
4.    background-color:#333;
5. }
```

图 7-28

（8）去除<div class="nav-info-box">中<ul>标签默认的内外边距及列表样式，重置<li>标签的行高，把<a>标签设置为行内块级元素，并设置它的行高、内边距、字体颜色及样式，如图 7-29 所示。

参考 CSS 代码如下。

```
1. .nav-info .nav-info-box ul {
2.    margin:0;
3.    padding:0;
4.    list-style:none;
5. }
6. .nav-info .nav-info-box li {
7.    line-height:initial;
8. }
9. .nav-info .nav-info-box ul a {
10.   line-height:1.5;
11.   padding:10px 20px;
12.   display:inline-block;
13.   color:#FFF;
14.   text-decoration:none;
15. }
```

> **知识解读**
>
> ● 控制 CSS 属性继承
>
> CSS 具有继承性的特点，而且并非所有 CSS 属性都能被继承。CSS 的继承特性可以提高编码的效率，减少重复的代码。然而有时候需要人为控制属性的继承，以达到想要的效果。因此，CSS 提供了以下 3 个通用属性值，可以人为控制属性的继承特性：
>
> ◆ inherit：使元素的属性继承父元素的属性。
>
> ◆ initial：将元素的属性重置为浏览器的默认值，不继承父元素的属性。
>
> ◆ unset：不设置属性的值，如果为可继承属性则继承父元素的值，如果为非继承属性则与 initial 一样为浏览器初始值。
>
> ● 行内元素设置边距
>
> 行内元素除了不能设置宽度与高度以外，它的边距设置也与块级元素有所不同。行内元素的内边距只对左、右、下起作用，外边距只对左、右起作用。因此，在上面的例子中，要将 `<a>` 标签设置为行内块级（inline-block）元素，才能使设置的内边距达到想要的效果。

任务 4　左侧导航菜单

【任务描述】

完成左侧导航菜单的效果，如图 7-29 所示。

(1) 创建菜单的 HTML 结构。

(2) 设置主菜单及子菜单的样式。

(3) 实现子菜单的悬浮展开效果。

图 7-29

【实现步骤】

(1) 在 `<div class="aside">` 中的添加以下 HTML 结构，其中 `<div class="menu">` 表示一个菜单组，`<div class="sub-menu">` 表示子菜单，`<div class="menu-item">` 表示每个菜单项，如图 7-30 所示。

参考 HTML 代码如下。

```
1. <divclass="aside">
2.     <divclass="menu">
3.         <divclass="menu-item">个人中心</div>
4.         <divclass="sub-menu">
5.             <divclass="menu-item">我的信息</div>
6.             <divclass="menu-item">简历管理</div>
7.             <divclass="menu-item">投递记录</div>
8.             <divclass="menu-item">系统设置</div>
9.         </div>
10.    </div>
11. </div>
```

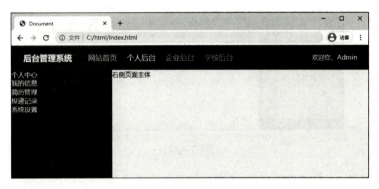

图 7-30

（2）设置菜单<div class="menu">的内边距，菜单项<div class="menu-item">的内边距以及分割线，如图 7-31 所示。

参考 CSS 代码如下。

```
1. .aside .menu {
2.   padding:20px 10px;
3. }
4. .aside .menu .menu-item {
5.   padding:10px;
6.   border-bottom:1px solid #DDD;
7. }
```

图 7-31

（3）单独设置主菜单和子菜单的菜单项<div class="menu-item">背景，使它们区分开来，如图7-32所示。

参考CSS代码如下。

```
1. .menu > .menu-item {
2.   background-color:#007bff;
3. }
4. .sub-menu > .menu-item {
5.   background-color:#00b0ff;
6. }
```

图 7-32

> **知识解读**
>
> • 后代选择器与子选择器
>
> 后代选择器与子选择器都属于CSS的复合选择器，有两个以上的基本选择器组成。在语法上，后代选择器的选择器之间使用空格隔开，而子选择器的选择器之间使用大于号 > 隔开。
>
> 后代选择器选中指定标签元素下的所有后辈元素，例如 .menu .menu-item 表示类名为 menu 的元素下，所有类名为 menu-item 的元素。
>
> 子选择器选中指定标签元素的第一代子元素，例如 .menu > .menu-item 表示类名为 menu 的元素中，含有类名为 menu-item 的子元素，而子元素中包含的其他含有 menu-item 类名的元素不被选中。

（4）将子菜单的菜单项设置为隐藏状态，只有当鼠标光标移到主菜单项上面时，子菜单才会显示出来。

参考CSS代码如下。

```
1. .sub-menu .menu-item {
2.   display:none;
3. }
```

```
4. .aside .menu:hover .sub-menu .menu-item {
5.     display:block;
6. }
```

> **知识解读**
>
> • hover 伪类实现鼠标交互效果
>
> 伪类:hover 经常用于处理超链接鼠标指针悬浮效果，同时，它也可以通过与其他选择器组合，实现鼠标指针悬浮交互效果，十分灵活。
>
> 选择器 .aside .menu:hover .sub-menu .menu-item 是一个后代选择器，它表示当鼠标悬浮在 .menu 的元素上时，.menu 的后代元素 .sub-menu .menu-item 的 display 值由 none 变为 block。

（5）在侧边菜单中复制多个菜单组，体验菜单切换效果，效果如图 7-28 所示。

参考 HTML 代码如下。

```
1. <div class="aside">
2.     <div class="menu">
3.         <div class="menu-item">个人中心</div>
4.         <div class="sub-menu">
5.             <div class="menu-item">我的信息</div>
6.             <div class="menu-item">简历管理</div>
7.             <div class="menu-item">投递记录</div>
8.             <div class="menu-item">系统设置</div>
9.         </div>
10.    </div>
11.    <div class="menu">
12.        <div class="menu-item">招聘信息</div>
13.        <div class="sub-menu">
14.            <div class="menu-item">招聘单位</div>
15.            <div class="menu-item">岗位列表</div>
16.            <div class="menu-item">邀请记录</div>
17.        </div>
18.    </div>
19. </div>
```

任务 5 右侧个人信息表

【任务描述】

实现右侧个人信息表单的设计,如图 7-33 所示。

(1)制作个人信息表格。

(2)调整表格单元格。

(3)调整表格及输入框样式。

图 7-33

【实现步骤】

(1)在<div class="main">中放置<h2>标签,用于显示右侧个人信息表的标题,放置<div class="user-info">,用于显示放置个人信息表。设置<div class="main">的内边距,使内部内容不要紧贴边框。

参考 HTML 代码如下。

```
1.<div class="main">
2. <h2>个人信息</h2>
3. <div class="user-info">
4. </div>
5.</div>
```

参考 CSS 代码如下。

```
1..main {
2.    padding:20px;
3.}
```

(2)创建个人信息表格,如图 7-34 所示。

参考 HTML 代码如下。

```
1.<table class="info-table">
2.    <tr>
3.        <td>姓名</td>
4.        <td><input type="text"></td>
5.        <td>性别</td>
```

— 194 —

```
6.      <td><input type="text"></td>
7.      <td rowspan="4">
8.        <img src="./images/nopc.jpeg" width="100px" alt="头像">
9.        <input type="file">
10.     </td>
11.   </tr>
12.   <tr>
13.     <td>出生日期</td>
14.     <td><input type="text"></td>
15.     <td>籍贯</td>
16.     <td><input type="text"></td>
17.   </tr>
18.   <tr>
19.     <td>身份证号</td>
20.     <td><input type="text"></td>
21.     <td>手机号</td>
22.     <td><input type="text"></td>
23.   </tr>
24.   <tr>
25.     <td>通讯地址</td>
26.     <td colspan="3"><input type="text"></td>
27.   </tr>
28.   <tr>
29.     <td>毕业院校</td>
30.     <td><input type="text"></td>
31.     <td>就读专业</td>
32.     <td colspan="2"><input type="text"></td>
33.   </tr>
34.   <tr>
35.     <td>
36.       学习经历
37.     </td>
38.     <td colspan="4">
39.       <textarea name="" id="" cols="90" rows="6"></textarea>
40.     </td>
41.   </tr>
42. </table>
```

参考 CSS 代码如下。

```
1. .info-table, td {
2.   /* 设置表格边框 */
```

```
3.    border:1px solid #CCC
4. }
```

图 7-34

知识解读

● 合并单元格

<td>标签提供了 rowspan 和 colspan 属性，分别用于表格中在垂直方向及水平方向合并单元格，这两个属性的值为需要合并的单元格数量。上面的表格中，"头像"表格需要从上往下横跨 4 行合并单元格，因此为"头像"表格的<td>标签设置属性 rowspan="4"，而"学习经历"也需要从左往右横跨合并 4 个单元格，因此为它设置属性 colspan="4"。

(3) 设置单元格宽度，限制"头像"单元格宽度，调整字体居中，如图 7-35 所示。
参考 CSS 代码如下。

```
1. .info-table, td {
2.     /* 设置表格边框 */
3.     border:1px solid #CCC;
4.     text-align:center;
5. }
6. .label {
7.     min-width:80px;
8. }
9. .avatar-td {
10.    max-width:120px;
11. }
12. .avatar-td input {
13.    width:110px;
14. }
```

图 7-35

> **知识解读**
>
> • 表格的宽度设置
>
> 在默认情况下,浏览器会根据每个单元格的内容,自动分配不同表格的宽度。然而,这种自动分配的宽度有时候并不是想要的效果。因此,需要手动设置单元格的宽度。在 HTML5 标准中,不推荐通过<td>标签的 width 属性设置宽度,而是通过 CSS 设置。由于浏览器会根据内容自动为单元格分配宽度,通过 width 属性设置宽度是无效的。可以通过 min-width 或 max-width 为单元格设置最大或最小宽度。
>
> 由于浏览器会自动安排单元格的大小,只需要为某个单元格设置好最大、最小宽度,这个单元格所在的列都会自动按照所设置的 CSS 来设置宽度。上面的例子中,添加了 .label 选择器,用来设置表格文字的宽度,只需要在"姓名"单元格添加 class="label","姓名"单元格所在的一整列都会保持相同的宽度。

(4)通过设置内联样式,调整部分输入框的宽度,如图 7-5-4 所示。

参考 HTML 代码如下。

```
1. <tr>
2. <td>通讯地址</td>
3. <td colspan="3"><input type="text" style="width:490px"></td>
4. </tr>
```

图 7-36

知识解读

- 内联样式的 CSS

CSS 代码根据放置的位置不同，可以分为外部样式、内嵌样式及内联样式 3 种。

◆ 外部样式：通过 `<link>` 标签将外部的 CSS 代码引入到页面中。

◆ 内嵌样式：在页面头部的 `<style>` 标签编写 CSS 代码。

◆ 内联样式：通过元素的 style 属性设置 CSS 样式。

外部样式和内嵌样式是常用的方法，这两种方法更加灵活，便于后续维护。然而，某些情况下可能需要设置某个 CSS 属性，这时候通过 style 设置样式，十分方便灵活。相比外部样式和内嵌样式，内联样式的优先级是最高的，可以避免受到其他位置设置的 CSS 样式的影响。

（5）为表格添加 border-collapse:collapse，合并表格边框，如图 7-37 所示。

参考 CSS 代码如下。

```
1. .info-table {
2.   border-collapse:collapse;
3. }
```

图 7-37

知识解读

- border-collapse 属性

上面为表格的 `<table><td>` 标签设置了边框，每个单元格都拥有自己的边框，看起来并不美观。可以通过 border-collapse 属性，将单元格之间的边框合并在一起，美化单元格的显示。

border-collapse 的默认值为 separated，即单元格之间的边框是分开的，值设置为 collapsed 可以起到合并边框的作用。

（6）通过 :nth-child( ) 伪类为表格每列设置不同的背景颜色，如图 7-33 所示。

参考 CSS 代码如下。

```
1..info-table tr:nth-child(odd) {
2.   background-color:#ebebeb;
3. }
4..info-table tr:nth-child(even) {
5.   background-color:#f5f5f5;
6. }
```

知识解读

- :nth-child( ) 伪类

:nth-child( ) 伪类用来选中当前元素的兄弟元素，然后将兄弟元素从 1 开始编号进行选择。

例如 .link a:nth-child(3) 这个选择器指定了 .link 中的所有与 <a> 标签同级的兄弟元素中的第三个元素。

:nth-child( ) 伪类括号中的参数，可以是具体的某个数字，也可以是形如 an+b 的表达式，也可以是单词 even 或 odd。

例如：

tr:nth-child(2n+1) 或 tr:nth-child(odd) 都表示表格的奇数行。

tr:nth-child(2n) 或 tr:nth-child(even) 都表示表格的偶数行。

任务 6 后台总览页面

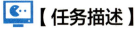【任务描述】

完成后台总览的页面的设计，如图 7-38 所示。

(1) 实现通知提示栏。

(2) 实现数据展示框的显示。

图 7-38

【实现步骤】

(1) 在 <div class="main"> 中添加 <div class="notice">，制作消息通知条，如图 7-39 所示。

参考 HTML 代码如下。

操作视频

```
1.<div class="notice">
2.    <div class="news">有 263 份应聘简历需要处理</div>
3.    <div class="time">2020/03/28 23:57</div>
4.</div>
```

参考 CSS 代码如下。

```
1..notice {
2.    padding:10px;
3.    border-radius:5px;
4.    background-color:#17c217;
5.    color:#FFF;
6.    display:flex;
7.    flex-direction:row;
8.}
9..notice .news {
10.    flex-grow:1;
11.}
```

图 7-39

（2）在<div class="main">中添加<div class="data-panel">，实现数据面板相关 HTML 结构，如图 7-40 所示。

参考 HTML 代码如下。

```
1.<divclass="data-panel">
2.    <div class="data-item">
3.        <div>收入金额</div>
4.        <div>26800</div>
5.    </div>
6.    <div class="data-item">
7.        <div>未读消息</div>
8.        <div>168</div>
```

```
9.     </div>
10.    <div class="data-item">
11.       <div>存在问题</div>
12.       <div>36</div>
13.    </div>
14.    <div class="data-item">
15.       <div>新增会员</div>
16.       <div>188</div>
17.    </div>
18. </div>
```

图 7-40

(3) 设置每个数据展示框<div class="data-item">的宽、高、背景以及圆角边框，如图 7-41 所示。

参考 CSS 代码如下。

```
1. .data-panel .data-item {
2.     width:200px;
3.     height:100px;
4.     background-color:#DDD;
5.     border-radius:10px;
6. }
```

图 7-41

(4) 为数据展示框的弹性容器<div class="data-panel">设置 justify-content:space-between，如图 7-42 所示。

参考 CSS 代码如下。

```
1. .data-panel {
2.   display:flex;
3.   justify-content:space-between;
4. }
```

图 7-42

知识解读

- **justify-content 属性**

justify-content 属性定义了在弹性容器主轴方向上，多余空间在各弹性元素周围的分配情况，可选的属性值有以下几种：

◆ flex-start：默认值，弹性元素排列在弹性容器的开头，如图 7-43 所示。

图 7-43

◆ flex-end：弹性元素排列在弹性容器的结尾，如图 7-44 所示。

图 7-44

◆ center：弹性元素排列在弹性容器的中心（居中），如图 7-45 所示。

图 7-45

◆ space-between：将弹性容器多余的空间平均分配在每个弹性元素之间的位置，如图 7-46 所示。

图 7-46

◆ space-around：将弹性容器多余的空间平均分配在每个弹性元素两边的位置，如图 7-47 所示。

图 7-47

上面的例子中，为<div class="data-panel">设置 justify-content:space-between，这样可以把弹性容器的空白区域，分配给每个数据展示框中间的位置，起到隔开的作用。

（5）为每一个数据展示框添加自己的背景颜色和图标背景，如图 7-48 所示。

参考 CSS 代码如下。

```
1. .data-panel .data-item {
2.     width:200px;
3.     height:100px;
4.     background-color:#DDD;
5.     border-radius:10px;
6.     /* 背景相关共用代码 */
7.     background-size:100px;
8.     background-repeat:no-repeat;
9.     background-position:120px 5px;
10. }
11. .data-panel .data-item.price {
12.     background-color:rgb(255, 221, 28);
13.     background-image:url(./images/icon_commonly_amountrefresh.png);
14. }
15. .data-panel .data-item.message {
```

```
16.    background-color:rgb(78, 175, 255);
17.    background-image:url(./images/icon_commonly_message.png);
18. }
19. .data-panel .data-item.issue {
20.    background-color:rgb(255, 160, 0);
21.    background-image:url(./images/icon_status_exclamationcircle.png);
22. }
23. .data-panel .data-item.member {
24.    background-color:rgb(156, 73, 255);
25.    background-image:url(./images/icon_commonly_userdelete.png);
26. }
```

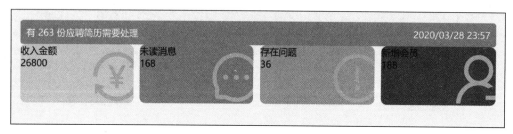

图 7-48

知识解读

• background-size 属性

background-size 是 CSS3 标准中新增的属性，它用于设置背景图片的尺寸，有以下取值方法：

◆ 关键字

auto：默认值，按照图片原本的大小显示。

cover：使背景图片缩放覆盖设置背景的元素，可能影响背景图片的宽高比。

contain：将图片缩放到设置背景的元素的大小，但不改变宽高比，可能造成元素某个方向出现空白背景。

◆ 数值

background-size 属性值还可以设置为百分比、em、px 等单位的数值。

当 background-size 属性设置为一个值的时候，相当于设置背景图的宽度，此时高度会自动根据背景图片的比例缩放。

当 background-size 属性设置为两个值的时候，第一个值设置背景图的宽度，第二个值设置高度。

例如：

"background-size:20px;"表示将背景图的宽度设置为20px,高度适应。

"background-size:20px 80px;"表示背景图片的宽度为20px,高度为80px。

"background-size:100% 100%;"表示背景图片的宽度和高度都为100%,此时的效果与设置为cover一致,都可以将背景图片完整的显示出来。

• background-position 属性

background-position 属性可以用来设定背景图片在元素中的位置,它的属性值通常包含两个值,第一个值代表水平方向的位置,第二个值代表垂直方向的位置。属性值可以是 left、right、top、bottom、center 等方向关键词,也可以是百分比,也可以是长度单位。

上面的例子中,将图片的背景位置设置为"background-position:120px 5px;",表示将背景图片,在容器中,从左往右移120px,从上往下移5px。

(6)将<div class="data-item">设置为弹性容器,设置 flex-direction:column;justify-content:center,并设置字体颜色、行高、边距,如图7-6-7所示。

参考 CSS 代码如下。

```
1..data-panel .data-item {
2.   display:flex;
3.   flex-direction:column;
4.   justify-content:center;
5.   color:#FFF;
6.   line-height:1.5;
7.   padding:10px;
8. }
```

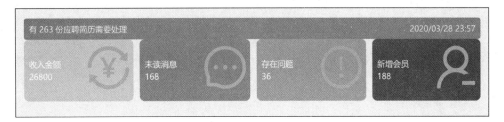

图 7-49

知识解读

• 元素垂直居中

弹性布局可以非常方便地实现元素在水平方向居中。首先,容器设置为弹性布局

display:flex；再设置弹性容器主轴的方向，设置 flex-direction:column，此时弹性容器会自上而下排列；最后，设置 justify-content:center 即可实现居中的效果。

除了使用 justify-content 属性设置主轴的对齐方式以外，还可以通过 align-item 属性设置交叉轴的对齐方式。

(7) 设置文字及数字的字体大小，优化显示效果，如图 7-50 所示。

参考 CSS 代码如下。

```
1. .data-panel .data-item .title {
2.   font-size:18px;
3. }
4. .data-panel .data-item .data {
5.   font-size:38px;
6. }
```

图 7-50

(8) 为<div class="main">的所有子<div>标签设置下外边距，避免<div>上下相连在一起，效果如图 7-37 所示。

参考 CSS 代码如下。

```
1. .main > div {
2.   margin-bottom:10px;
3. }
```

【项目总结】

本项目讲述了弹性布局在登录页面、页面总体布局、顶部导航栏、左侧导航菜单、右侧个人信息表、后台总览页面等页面的应用。

通过对本项目的学习，学生应掌握弹性布局的主要属性，熟悉弹性布局在页面设计中的应用，扩充日后在页面设计中处理问题的方法。

【拓展与提高】

任务 1

【任务描述】

为登录界面添加检验提示，当单击"登录"按钮时，如果用户名或密码为空则弹出提示，如图 7-51 所示。

（1）使用户名、密码输入框，"登录"按钮在<form>表单中，表单的提交地址为登录后的页面。

（2）为用户名、密码输入框的<input>标签设置 required 属性。

（3）在输入框为空的时候单击"登录"按钮，查看是否弹出提示。

图 7-51

 知识解读

• HTML5 的表单校验

HTML5 的<input>新增了表单校验的能力，常用的有以下方法：

◆required 属性：将输入框设定为必填项，没有输入内容时弹出提示。

◆pattern 属性：将值设定为正则表达式，输入的内容会按照指定的正则表达式进行校验。当<input>标签的 type 属性设置为某些类型时，可以不提供正则表达式，如 type="email" 时，浏览器会自动校验输入的内容是否符合邮箱地址的格式。

min、max 属性：当<input>的类型为数字时，可以通过 min（和 max）属性来指定最小（和最大）值。

任务 2

【任务描述】

为导航栏图标添加速效悬浮效果，在导航链接中，鼠标指针移上去高亮显示，在右侧登录提示信息一侧，鼠标指针移上去自动显示菜单，如图 7-52 所示。

（1）为下拉菜单设置 display:none。

（2）添加 hover 伪类，当鼠标指针移到"欢迎您，Admin"字样上时，下拉菜单才显示出来。

图 7-52

任务 3

【任务描述】

在完成个人信息表后，实现表单的提交功能，如图 7-53 所示。

（1）使用<form>标签包住个人信息表，并为输入框设置相应的 name 属性作为表单项名称。

（2）<form>表单的提交方式为 POST，提交地址留空。

（3）当点击提交按钮时，可以在浏览器的控制台（按【F12】键打开）的 Network 标签页中看到提交的表单内容。

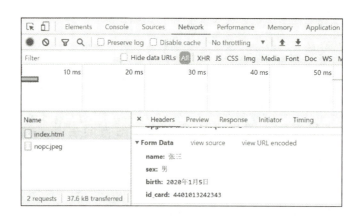

图 7-53

任务4

【任务描述】

在后台总览面板中,添加任务进度条模块,如图 7-54 所示。

(1)创建<div>,用于放置进度条。

(2)创建多个进度条<div>并设置好 CSS 样式。

(3)在进度条<div>中添加白色半透明的<div>,此时设置<div>的宽度即可实现进度效果。

图 7-54